Couverture inférieure manquante

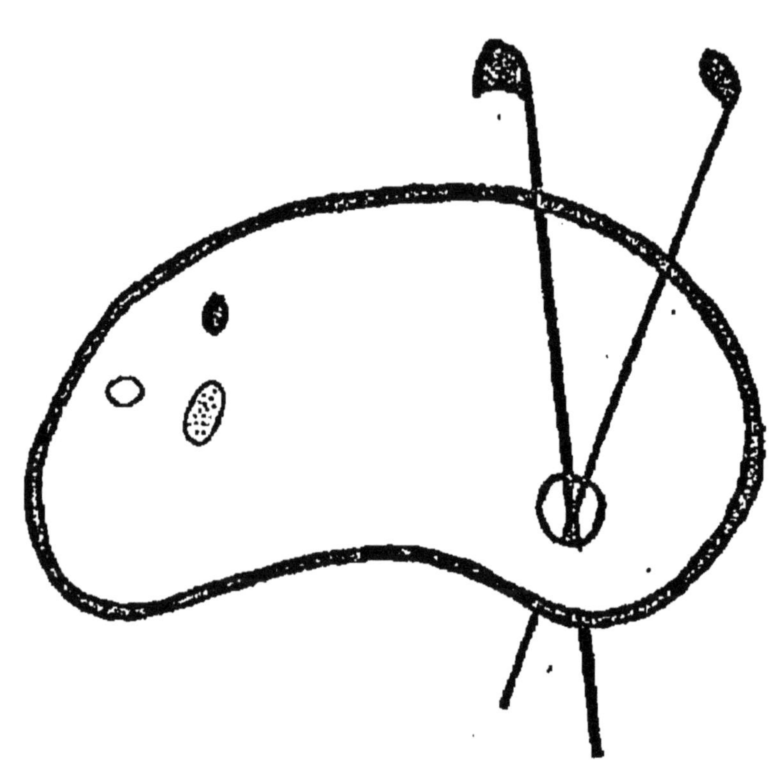

DEBUT D'UNE SERIE DE DOCUMENTS
EN COULEUR

TOME I

G. GAUTIER

J. LARAT

TECHNIQUE D'ÉLECTROTHÉRAPIE

MALOINE, ÉDITEUR

91, Boulevard Saint-Germain, Paris.

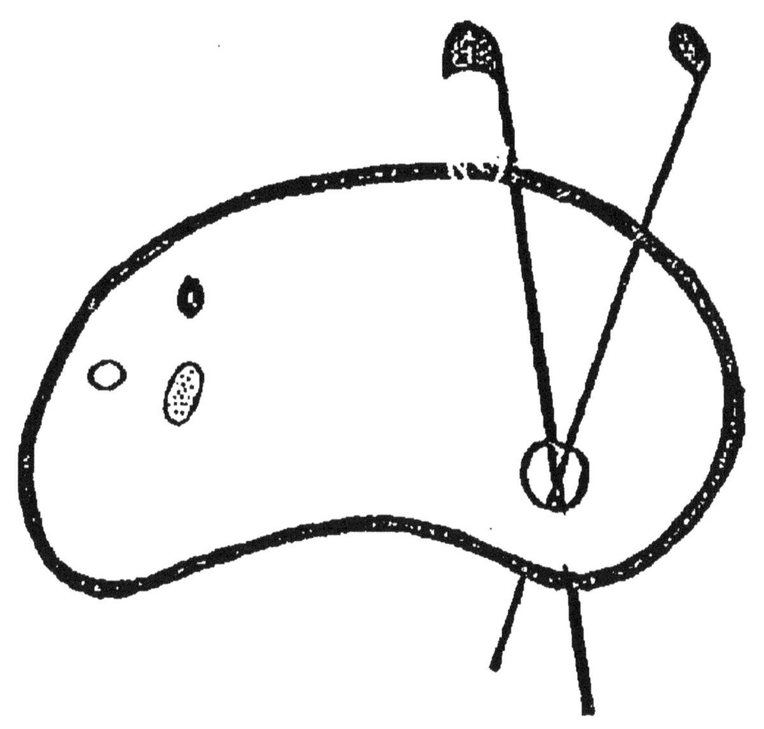

FIN D'UNE SERIE DE DOCUMENTS
EN COULEUR

TECHNIQUE

D'ÉLECTROTHÉRAPIE

PARIS

IMPRIMERIE BREVETÉE MICHELS ET FILS

Passage du Caire, 8 et 10.

Tome I

G. GAUTIER

J. LARAT

TECHNIQUE D'ÉLECTROTHÉRAPIE

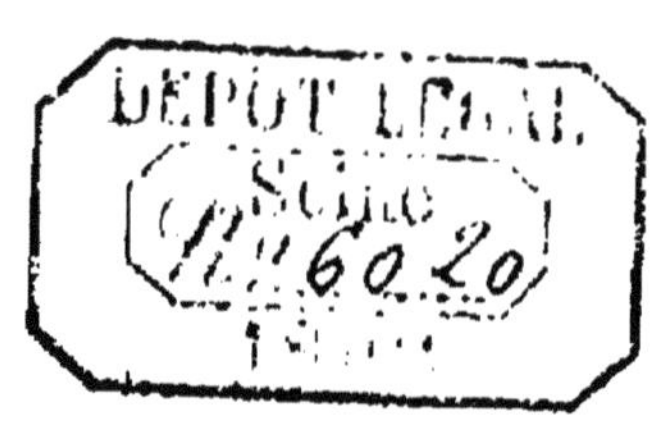

MALOINE, Éditeur
91, Boulevard Saint-Germain, Paris

AVANT-PROPOS

Ce volume est le premier d'une série, sorte de compendium d'électrothérapie, destinée à tenir le public médical au courant des nouveaux procédés, des découvertes intéressantes qui modifient si rapidement et si profondément, à l'heure actuelle, l'électricité médicale.

Cette branche de la science prend en thérapeutique une place qui grandit de plus en plus. En ces deux dernières années, ses progrès ont été particulièrement considérables. Les horizons intéressants que nous ouvre l'électrophysio-

logie, les effets si curieux des courants sinusoïdaux sur la nutrition, l'électrolyse interstitielle sont autant de conquêtes toutes récentes.

Un ouvrage qui se propose de traiter, à mesure qu'elles apparaissent, les questions d'électrologie médicale répond donc à une indication bien définie, et nous demandons à nos lecteurs de vouloir bien nous aider de leur bienveillance dans une tâche que nous entreprenons parce que nous la croyons utile.

Paris, Décembre 1892.

TABLE DES CHAPITRES

CONFÉRENCES

SUR L'ÉLECTRO-BIOLOGIE

I

ACTION DE L'ÉLECTRICITÉ SUR LA VIE ORGANIQUE

MESSIEURS,

L'influence exercée sur la vie organique par les vibrations moléculaires de l'éther est loin d'être entièrement élucidée. Vous savez que l'existence de l'éther n'est qu'une hypothèse; sa réalité n'est démontrée que par un ensemble de phénomènes qui semblent impossibles à expliquer dans l'état actuel de nos connaissances, autrement que par la présence d'une matière impondérable, remplissant les espaces sidéraux et imprégnant tous les corps répandus dans la nature. Du reste, l'esprit ne peut se refuser à accepter la réalité d'une hypothèse prouvée par le calcul, depuis que les astronomes sont arrivés à déterminer l'existence et les mouvements de planètes qu'ils n'ont jamais vues et qu'ils ne verront probablement jamais. L'éther donc, dont nous admettons l'existence, vibre sous trois forces principales : chaleur, lumière, électricité. La physiologie s'est surtout préoccupée d'étudier l'influence de la chaleur et la lumière sur la vie organique; on sait que la plante ou l'animal ne peut naître, se développer, vivre en un mot, sans chaleur, et que la lumière est indispensable à sa santé, sinon à son existence. Quant au rôle que l'électricité peut jouer dans la nutrition des êtres vivants, c'est à peine si on possède quelques documents épars et qui n'ont pas, jusqu'à présent, été reliés entre eux par un travail d'ensemble; je ne parle pas ici des manifestations *locales* de l'électricité, mais de ses manifestations *générales*. Les difficultés de l'expérimentation n'ont vraisemblablement pas peu contribué à ce silence presque absolu. Qu'a-t-on fait, en effet, quand on a recherché quel rôle jouait la chaleur ou la lumière sur le développement des êtres organisés? On a supprimé l'une et l'autre, la première en restreignant au minimum les vibrations calorifiques au moyen de divers systèmes réfrigérants, la seconde en disposant des écrans opaques entre toute source lumineuse et l'animal ou la plante en expérience. Puis, ceci fait, on a tout aussi facilement exagéré la chaleur et la lumière, pour posséder les deux termes extrêmes de la question. Malgré cette apparente simplicité de l'expérimentation, la question de l'importance de la lumière et de la chaleur relativement à la nutrition, si elle est entrevue, est loin d'être encore complètement élucidée.

Comment s'étonner que le rôle de l'électricité soit encore plus mal connu, si on réfléchit qu'il est absolument impossible de soustraire le sujet en expérience à toute influence électrique. Un écran arrête le rayon lumineux ; un corps mauvais conducteur intercepte également quelques-unes des formes que prend le fluide électrique, mais rien ne peut empêcher l'électricité de tension de produire des phénomènes d'influence, rien ne peut empêcher le magnétisme terrestre d'agir par induction sur les êtres organisés, et, enfin, rien... que la mort ne peut empêcher l'organisme d'être lui-même une source électrique infiniment active.

A l'état normal, en effet, l'être vivant est constamment soumis à des influences électriques extérieures et à des influences électriques internes.

Électricité statique. Son influence. — La tension statique, incessamment variable, produite dans l'atmosphère par le frottement des vents sur les couches d'air immobiles et sur les nuages, d'une part; le magnétisme terrestre, d'autre part, constituent les deux sources d'électricité extérieure. Je fais ici rentrer le magnétisme dans les phénomènes électriques, en admettant l'hypothèse généralement adoptée des solénoïdes. Quant à l'électricité que nous fabriquons dans l'intimité de nos tissus, elle dérive d'une action chimique, peut-être en partie d'actions calorifiques et de transformations diverses de l'énergie par suite de changements de surfaces, comme l'a indiqué M. d'Arsonval. En tous cas, elle est d'ordre dynamique ou galvanique, pour mieux préciser.

Nous allons tout d'abord, si vous le voulez bien, nous occuper de l'électricité de tension, autrement dit de l'électricité statique ou de

Franklin, et voir si les faits épars dans la science sont suffisants pour pouvoir, dans l'état actuel de nos connaissances, affirmer que cette forme électrique exerce une influence sur la vie organique. Je l'ai dit plus haut, si on pouvait arriver à la suppression absolue de cette forme électrique, il serait bien facile de voir comment se comporte l'être privé d'électricité de tension. Cela n'est pas possible, et quoique nous possédions normalement un potentiel statique identique à celui du sol sur lequel nous reposons, le potentiel de ce sol variant incessamment selon le potentiel de l'atmosphère, nous restons constamment soumis à des sortes de fluctuations de potentiel statique.

Je viens de dire que normalement nous prenions le potentiel du sol. Il n'en est pas toujours ainsi. Chez certains sujets, en effet, à peau sèche, constituant par conséquent des sortes d'auto-isoloirs, on a pu noter l'existence de tensions électriques parfois considérables et bien supérieures à celles du sol. L'observation rapportée par M. Féré à la Société de Biologie (séance du 14 janvier 1888), est des plus probantes à cet égard, et je vous demande la permission de la rapporter brièvement.

« Mme X... est une névropathe qui, depuis son enfance, a présenté divers accidents de nature hystérique. Étant jeune fille, elle s'était déjà aperçue que sa chevelure dégageait des étincelles dans l'obscurité. Depuis, ce phénomène n'a fait qu'augmenter et il est devenu permanent, sauf dans les temps humides et par les vents du Sud.

« Mme X... remarque que ses doigts attirent les corps légers. Quand ses vêtements s'approchent de la peau, il se produit une crépitation lumineuse, puis les vêtements adhèrent ensuite au corps avec assez d'intensité pour gêner les mouvements.

« La tension électrique et l'intensité des décharges augmentent encore sous l'influence des émotions morales. Un des premiers faits qui ont été remarqués, c'est que la crépitation s'exagérait à la suite de l'audition de certains morceaux de musique, qui amenaient une grande excitation générale.

« Les temps secs, les gelées, la neige favorisent les phénomènes; les temps humides et brumeux produisent un effet contraire.

« *A l'exagération de tension correspond un état d'excitation générale, une suractivité nettement appréciable.* Lorsque au contraire, sous l'influence de l'humidité, la tension diminue, il se produit une sensation de lassitude, d'impuissance. La même sensation se produit lorsqu'on a déterminé expérimentalement des décharges répétées, etc. »

Il faut ajouter que cette dame présentait une sécheresse extraordinaire de la peau, à laquelle était due vraisemblablement la persistance de la charge statique produite soit par influence, soit par le frottement des vêtements sur le tégument. Ce sujet ne présentait pas moins cette particularité d'être constamment dans un état analogue à celui d'une personne électrisée statiquement sur le tabouret à pieds de verre, et il est regrettable qu'on n'ait pas profité de ces conditions rares d'expérimentation pour voir quel était l'état de la nutrition et si les échanges nutritifs variaient avec la tension électrique.

Des expériences faites par M. d'Arsonval sur les animaux et sur l'homme, il résulte, en effet, que l'électrisation statique prolongée surexcite la nutrition, surexcitation qui se traduit par une augmentation de l'urée excrétée. L'augmentation a été assez nette et assez constante pour qu'il n'y ait aucun doute à cet égard.

M. Vigouroux a constaté que le patient assis sur le tabouret statique et soumis seulement à l'influence du bain voyait sa circulation s'accélérer; il aurait pris, à ce point de vue, des tracés sphygmographiques démonstratifs. Il est indéniable, et nous avons tous pu l'observer, que les névropathes, qui ont souvent des sensations de froid, *se réchauffent* sur le tabouret, non seulement subjectivement, mais bien objectivement.

Si maintenant, des faits expérimentaux, nous passons à l'observation courante, n'est-il pas évident que les troubles divers que nous éprouvons presque tous en temps d'orage, dénotent un état particulier du système nerveux dont l'action semble, à ces moments-là, hyperexcitée.

Ainsi donc, si nous ne pouvons savoir ce qui adviendrait du fonctionnement de notre organisme dans l'hypothèse d'une suppression absolue de toute tension statique, les quelques faits que je viens de signaler, quoique bien peu nombreux, nous donneraient à penser que l'exagération de cette tension amène une hyperexcitabilité du système nerveux et, par retentissement, une exagération dans la nutrition, et il est à croire, qu'au contraire, une tension régulière, normale, agit normalement comme une excitation régulière, peut être indispensable du système nerveux et par conséquent de la vie.

L'action des hautes tensions sur les infiniment petits est aussi à noter dans cet ordre d'idées; on sait combien le lait et d'autres liquides organiques tournent facilement en temps d'orage; en réalité, c'est qu'ils s'acidifient presque instantanément, et pourquoi s'acidifient-ils ainsi, sinon parce que les microbes qui président à la fermentation lactique se sont tout d'un coup développés en nombreuses colonies, sous l'influence des hautes tensions électriques, et peut-être aussi d'une production d'ozone excessive.

Enfin, des expériences très curieuses ont été faites par un savant russe sur l'influence de l'électricité sur la germination. Les observations ont porté sur des champs de blé entiers et ont consisté à planter dans ces champs, de distance en distance, des poteaux terminés par une extrémité métallique en pointe. Cette extrémité était mise en rapport avec le sol par une chaîne conductrice constituant de la sorte un véritable paratonnerre. Il est clair qu'une telle disposition a eu pour résultat, non d'augmenter le potentiel statique de la surface munie de cette série de paratonnerres, mais bien, au contraire, de mettre cette surface en équilibre constant avec l'atmosphère, en provoquant dans le sol un courant statique plus intense qu'à l'état normal. Quoi qu'il en soit, la tension statique a dû être modifiée et le résultat a été une augmentation notable du rendement en céréales du champ électrisé.

Tels sont les faits que j'ai pu recueillir concernant l'action physiologique de l'électricité de tension sur la vie de la plante et celle des animaux. Il est hors de doute que les faits sont en trop petit nombre pour qu'il nous soit permis d'en tirer une conclusion autre que la suivante : Il est vraisemblable que l'état électrique statique des êtres vivants n'est pas indifférent à leur nutrition, et il est intéressant de poursuivre des recherches dans ce sens.

Magnétisme. Son influence. — En ce qui concerne l'influence du magnétisme, les observations sont aussi bien rares, mais elles ne manquent pas non plus d'une certaine suggestibilité, pour employer un mot à la mode. On sait que, lorsqu'on suspend entre les pôles de l'appareil de Faraday divers corps, tels que métaux, solutions métalliques et liquides de nature variable, contenus dans des tubes, ces corps prennent, par rapport aux pôles de cet appareil, des directions tantôt axiales, tantôt équatoriales.

Les corps qui prennent la direction axiale sont appelés *paramagnétiques;* ceux qui prennent la direction équatoriale sont appelés *diamagnétiques.*

Le fer et quelques autres métaux, ainsi que leurs solutions aqueuses, sont attirables par l'aimant et, par conséquent, paramagnétiques.

Au contraire, d'après les expériences de Faraday, l'or, l'argent, l'antimoine, le bismuth, ainsi que leurs oxydes et leurs sels, sont repoussés par les aimants et sont, par conséquent, diamagnétiques. Il en est de même du sang, du lait, du tissu musculaire, de la graisse, de l'ivoire, du bois, de l'eau, de l'alcool, de l'éther et d'autres corps organiques et organisés.

M. Rabuteau (*Soc. de Biologie,* 2 juin 1877), a eu la pensée d'agir, non plus sur des liquides organiques ou des tissus organisés, mais bien sur l'animal tout entier. Voici les résultats qu'il a observés et qui sont les premiers que nous puissions noter dans cet ordre d'idées.

Une grenouille a été suspendue à l'aide d'un fil de lin par les pattes postérieures entre les pôles de l'appareil de Faraday, fonctionnant sous l'influence de quarante éléments Bunsen. En élevant ou en abaissant le fil, on pouvait varier la position des diverses régions du corps de l'animal entre les pôles. Après un grand nombre d'expériences faites dans diverses positions de la grenouille, M. Rabuteau a pu conclure que l'animal vivant est diamagnétique, c'est-à-dire que, placé entre les pôles d'un aimant suffisamment puissant, cet animal prend une direction telle que la plus grande masse de son corps affecte une direction équatoriale.

Vers la même époque, en 1877, M. Pouchet avait, de son côté, fait les expériences suivantes :

Entre les deux armatures d'un aimant a été placé un tube de verre renfermant une petite anguille. Elle continua à se mouvoir sans que ses mouvements accusassent rien de particulier. Elle fut laissée sous l'influence magnétique pendant une heure et demie sans paraître en souffrir en aucune façon. L'oreille d'un lapin vivant, vers les deux tiers de sa hauteur, fut maintenue entre les deux armatures. On ne put y constater aucun changement dans la température ou dans le diamètre des vaisseaux. Enfin, une grenouille ayant été fixée sur une lame de liège, les pattes furent tendues, au moyen d'épingles, au niveau des fenêtres pratiquées dans la lame. On prit soin de les maintenir humides. Une des pattes fut placée à diverses reprises entre les deux armatures. On varia le temps de l'expérience, ainsi que la distance de celles-là. On ne constata, même après un temps assez long, aucune différence entre les deux pattes, ni dilatation, ni resserrement des vaisseaux, ni changement dans l'état d'expansion des chromoblastes. L'animal ne fut nullement affecté. Un triton, dont la tête fut également maintenue entre les deux armatures, ne parut pas davantage affecté.

Tel est le résumé des expériences de M. Pouchet et, on le voit, elles sont tout à fait négatives. Mais l'instrument dont se servait M. Pouchet n'était pas comparable à celui dont s'est servi M. Rabuteau. Ce dernier était un électro-aimant actionné par 40 piles Bunsen, tandis que celui de M. Pouchet n'était actionné que par 12 éléments Bunsen.

En 1882, M. d'Arsonval reprenait cette question qu'il jugeait digne d'un grand intérêt :

« En plaçant, dit-il, dans un électro-aimant

puissant une solution de sucre de canne avec du ferment inversif de levure de bière, j'ai vu que l'inversion était considérablement retardée lorsqu'on animait l'électro-aimant. Il en a été de même pour le ferment intestinal.

« D'autres réactions purement chimiques m'ont semblé être arrêtées ou tout au moins considérablement ralenties par la même influence. Je reviendrai très prochainement sur ces faits en montrant par quelle voie on peut arriver à expliquer les phénomènes si curieux que produisent chez les hystériques l'électricité et le magnétisme. »

Mais M. d'Arsonval, occupé par d'autres travaux plus pressants, dut abandonner la question, et ce n'est que quatre ans plus tard, en 1886, qu'il en parla de nouveau à la Société de Biologie, à l'occasion d'une communication faite sur le même sujet par M. Dubois.

Je résumerai tout d'abord les observations de ce dernier.

Ayant placé entre les pôles opposés de deux forts aimants de petites capsules de verre dans lesquelles il cultivait sur des hosties le *micrococus prodigiosus*, M. Dubois vit les taches rouges résultant du développement en surface de ces micro-organismes prendre une orientation particulière. Au centre de la tache, tout autour du point inoculé, la colonie était très dense et l'hostie humide était profondément attaquée. Cette zône centrale avait, en général, un diamètre longitudinal trois fois plus grand que le diamètre transversal.

Dans les quatre capsules qui étaient placées entre les pôles du système d'aimants, le grand axe de la zône centrale était dirigé manifestement du Nord-Est vers le Sud-Ouest.

Dans une capsule semblable, placée au milieu du système d'aimants, la tache centrale était presque absolument arrondie; à peine pouvait-on distinguer quatre petites pointes dirigées vers les quatre pôles des deux aimants opposés.

Enfin, une grande capsule, placée au-dessus des extrémités des quatre aimants, contenait une tache allongée dans le sens longitudinal, parallèlement aux branches des deux aimants.

M. d'Arsonval, répondant à M. Dubois, présenta à la Société la note suivante. Je laisse la parole à nôtre éminent maître, en raison du très grand intérêt de ses déclarations :

« Je suis très heureux que l'intéressante communication de M. Dubois vienne confirmer et étendre la portée des faits que j'ai eu occasion de signaler dans une communication, en partie verbale, faite à la Société il y a déjà plusieurs années. Je rappellerai en quelques mots ces expériences. J'ai montré :

« 1° Que si on fait écouler du sang à travers un champ magnétique puissant, le débit, dans l'unité de temps, est diminué, toutes choses égales d'ailleurs ;

« 2° Que l'influence du champ magnétique retardait la fermentation alcoolique ;

« 3° Que son action était la même sur le ferment inversif de la levure de bière ;

« 4° Que certains précipités ne pouvaient pas se faire dans un champ magnétique puissant ;

« 5° Qué la germination du cresson alénois m'avait paru influencée ;

« 6° J'annonçais enfin que j'allais entreprendre des expériences sur l'incubation pour voir si le développement de l'œuf serait troublé par le champ magnétique.

« Cette dernière expérience, reprise par un auteur italien, a donné des résultats absolument probants. Le champ magnétique retarde et trouble profondément le développement du poulet. Par suite de circonstances indépendantes de ma volonté, je n'ai pu reprendre ces recherches. Les faits trouvés par M. Dubois me font persister plus que jamais dans l'opinion que j'avais émise tout d'abord, à savoir : que, puisque le champ magnétique peut modifier les phénomènes chimiques, il doit influencer au même degré les phénomènes de nutrition et de développement qui ne sont, au fond, que des modalités chimiques propres aux êtres vivants. Cette action de l'aimant n'a d'ailleurs rien qui puisse sembler mystérieux ou extraordinaire. En effet, Faraday, dans une expérience célèbre, a montré que l'aimant fait tourner le plan de polarisation de la lumière. Cette expérience prouve que le magnétisme peut modifier l'équilibre moléculaire d'un corps. Ce changement d'équilibre est rendu manifeste par un phénomène physique, la rotation du plan de polarisation dans l'expérience de Faraday ; les miennes rendent le fait sensible par des phénomènes chimiques, voilà toute la différence. »

Je réserve, pour un prochain entretien, l'étude qui a été plus complètement faite, quoique non encore achevée, tant s'en faut, de l'électricité qui se produit dans l'intimité de nos tissus. Il est, du reste, probable que les phénomènes électriques, que nous constatons dans les tissus de l'homme, des animaux et de la plante, n'agissent point à proprement parler sur la nutrition, mais bien en sont une partie intégrante, au même titre que les oxydations ou les nombreux dédoublements chimiques qui constituent la nutrition. Quoique ces phénomènes aient été peu étudiés au point de vue général auquel je me place, il est probable qu'on les trouverait déviés quand la nutrition est troublée. C'est une question que nous examinerons dans la prochaine conférence, mais, malgré cette absence d'un des termes de la question, je crois que nous pouvons sans témérité, et avec les quelques faits que je viens d'énumérer, tirer quelques conclusions générales de cette courte étude.

Il est incontestable, que l'électro-physiologie n'a pas, jusqu'à présent, je l'ai dit ailleurs après bien d'autres, fourni les données qu'on en attendait au point de vue de l'électrothérapie. Je crois fermement que cela tient à ce qu'on s'est toujours borné à étudier des muscles, des nerfs avec des courants locaux sans s'élever jusqu'à une généralisation suffisante. L'électrothérapie est-elle même restée une médication locale? le plus souvent, et il faut savoir gré aux promoteurs de l'électrisation statique d'avoir repris les idées du siècle dernier et montré qu'on pouvait en attendre des effets généraux. En outre, on a, pendant longtemps, montré une crainte exagérée des courants intenses, et il est démontré actuellement que 200 milliampères traversant le corps ne peuvent avoir quelque inconvénient qu'au niveau du point d'application des électrodes, inconvénient qu'il est facile d'éviter avec de larges surfaces.

L'instrumentation habituelle de l'électro-physiologiste et de l'électro-thérapeute a certainement contribué, par son insuffisance, à limiter à des phénomènes locaux les recherches et les applications thérapeutiques. Comment songer à faire des recherches sur les applications diffusées des courants sur toute la surface du corps; avec les batteries de nos cabinets, dont la polarisation sous un grand débit est si rapide? Comment faire des recherches suivies sur les champs magnétiques puissants avec des éléments de pile, fussent-ils de Bunsen, dont le voltage baisse si vite, quelle que soit l'énergie de son point de départ, et dont la recharge est longue et fastidieuse? Ici, dans notre cabinet, un essai bien simple de bains faradiques, que nous avons tenté au moyen de la bobine, pour des bains électriques, nous a consommé tant de courant en peu de jours qu'une telle exploitation serait plutôt onéreuse que fructueuse.

Eh bien, je crois que nous avons aujourd'hui la solution instrumentale par l'utilisation des courants de dynamo.

Déjà, à Berlin, le courant continu provenant d'une dynamo à éclairage, a été utilisé au moyen de rhéostats qui ne laissent place à aucun accident. Mais ce courant n'a été employé que pour le ramener, l'assouplir aux applications usuelles et déjà connues, sans chercher à étendre son action.

J'ai la conviction, néanmoins, que l'avenir de l'électro-physiologie et, conséquemment, celui de l'électrothérapie, est dans l'étude des hautes tensions statiques, des champs magnétiques puissants, des courants galvaniques constants ou alternatifs appliqués sur la surface totale du corps.

Dans tous les cas, il est à peu certain que, puisque de faibles courants locaux, des potentiels statiques dont l'intensité n'est nullement comparable à celle de l'atmosphère, l'emploi d'aimants de faible puissance, impressionnent localement le système nerveux ; des applications infiniment plus puissantes et généralisées doivent également modifier le fonctionnement du système nerveux en général. Or, si nous en croyons un savant distingué, M. Leven, le système nerveux est le grand régulateur de la nutrition.

« Le système nerveux, dit-il, sert à régler la richesse du sang en globules rouges, l'excrétion de l'urée rendue en vingt-quatre heures par les urines; il est cause de l'obésité et de l'amaigrissement. »

Il est assez curieux de constater que les idées qui semblent prendre corps aujourd'hui, concernant l'action probable de l'électricité sur la nutrition et qu'on croit nouvelles, sont, au contraire, assez anciennes et datent du siècle dernier, peut-être d'un temps plus éloigné.

Je trouve, en effet, dans un ouvrage d'un certain abbé Bertholon : *De l'Électricité du corps humain dans l'état de santé et de maladie* (Paris, 1780), la phrase suivante : « Il est hors de doute que l'électricité de l'air qui nous environne, soit qu'elle agisse positivement ou négativement sur nos corps, influe de la manière la plus efficace sur tout le système animal et, conséquemment, sur les fonctions vitales et les fonctions animales. Le mouvement musculaire, la circulation du sang, la respiration, la digestion, les différentes sécrétions sont les principaux objets relatifs aux fonctions vitales, et comment se persuader que l'électricité atmosphérique n'ait sur eux une influence toute particulière ».

Et plus loin :

« Je ne dirai rien ici de cette fonction par laquelle l'espèce humaine se perpétue quoi qu'il soit très probable que l'électricité ait sur elle une grande influence, surtout si on fait attention que, selon les expériences de plusieurs physiciens, l'électricité a disposé des œufs d'insectes à éclore plus tôt. J'ai fait quelques épreuves sur ce dernier objet, qui ont eu un succès marqué. M. Lennebier, habile physicien de Genève, a également réussi. M. le prince Galitzin, dans une expérience, a trouvé que des œufs de poules, électrisés, avaient commencé à éclore avant d'autres œufs non électrisés ».

On voit par ces extraits que ce bon abbé avait quelque idée de l'action générale « trop méconnue », dit-il, et je suis un peu de son avis, de l'électricité sur la nutrition. Et cependant, ce n'était guère un savant, si nous prenons le terme savant dans le sens qu'il a aujourd'hui, c'est-à-dire le contraire de poète, car il ajoute plus loin et j'avoue qu'il m'est impossible de le suivre sur ce terrain :

« Ce n'est pas seulement sur le physique de l'homme que l'électricité agit; elle influe encore très sensiblement sur le moral. Personne n'ignore que l'imagination, par exemple, n'est jamais plus brillante que dans ces temps où l'électricité de l'atmosphère règne avec le plus d'empire, et que alors l'âme semble au-dessus d'elle-même, tandis qu'elle a peine à se retrouver, qu'on la dirait anéantie dans ces instants où la température est diamétralement opposée. Ceux qui cultivent la poésie, la peinture, la musique et tous les arts créateurs du génie peuvent être ici nos garants; ils pourraient nous attester que leurs chefs-d'œuvre n'ont été composés que dans les temps les plus favorables à l'électricité atmosphérique ».

II

L'ORGANISME CONSIDÉRÉ COMME ÉLECTRO-MOTEUR

Messieurs,

Dans ma dernière conférence, j'ai esquissé devant vous un des chapitres les moins connus de l'électro-physiologie : l'action des différents agents électriques naturels sur la nutrition des êtres vivants. Aujourd'hui, je vous entretiendrai de phénomènes qui ont, au contraire, exercé la sagacité des observateurs depuis plus d'un siècle. Je veux parler de ce qu'on a appelé le courant propre des tissus organiques, ce qui revient à dire que nous allons nous occuper de l'organisme en tant qu'électro-moteur.

Sources de l'électricité naturelle. — Il importe, tout d'abord, que nous nous rendions compte de la façon dont cet organisme va produire de l'électricité, que nous sachions quelles sources il possède dans son intimité pour développer le courant galvanique, courant qui, comme vous le savez tous, est hors de conteste aujourd'hui.

Dans les batteries des piles, ce courant est produit par l'action chimique; un liquide capable d'attaquer un métal se trouvant en rapport avec une lame de ce métal, produit un courant électrique. Cette même action chimique est la cause la plus puissante des courants neuro-musculaires spontanés.

Depuis qu'on sait que l'électricité n'est qu'une des formes de l'énergie, que cette énergie peut se transformer, mais non disparaître, on sait aussi que toute action chimique met en liberté une certaine quantité d'énergie qui se manifeste sous deux aspects, deux modes vibratoires, chaleur et électricité. La production de phénomènes électriques est donc absolument liée à celle de phénomènes chimiques, les seconds ne pouvant exister sans les premiers. Seulement, parfois, cette électricité se perd, les conditions de circuit nécessaires à son écoulement n'étant pas remplies; c'est une source qui ne trouve pas le lit d'un ruisseau pour se déverser et dont le contenu est réduit à disparaître par l'évaporation. Or, dans le corps humain, nous avons, d'une part, la source; d'autre part, le canal de déversement.

Actions chimiques. — Je ne perdrai pas mon temps à démontrer qu'il existe dans l'organisme des actions chimiques continuelles: oxydation des globules, digestions stomacale et intestinale, innombrables dédoublements chimiques pour arriver, d'une part, à l'assimilation définitive ou temporaire de certains principes, d'autre part au rejet hors de l'organisme de parties inutiles ou surabondantes sous forme d'excréments, d'urines, de sueurs et de diverses autres sécrétions moins importantes: mais je dirai un mot d'une des manifestations les plus intéressantes de cette action chimique: je veux parler des courants électro-capillaires découverts par Becquerel et étudiés par Onimus.

Courants électro-capillaires. — L'appareil le plus simple pour la détermination des courants capillaires est un tube de verre légèrement fêlé, la fêlure servant à mettre en contact, par un espace capillaire, deux dissolutions différentes. Si dans l'intérieur du tube on met un sel métallique, soit du nitrate de cuivre, du nitrate d'argent, du chlorure d'or, et qu'on plonge le tube dans une dissolution oxydable, soit du monosulfure de sodium, il se forme rapidement un courant électrique qui détermine sur une des faces de la fêlure des cristaux de cuivre, d'argent ou d'or.

Les mêmes phénomènes ont lieu lorsqu'on sépare ces dissolutions par une m nbrane endosmotique. Au contact des deux liquides, il se produit dans les interstices de la cloison un courant électro-capillaire représentant les pôles d'un couple.

On peut facilement produire sur une membrane un dépôt de sulfate de chaux, par exemple, en mettant d'un côté du dialyseur du nitrate de chaux, et du sulfate de soude de l'autre côté.

Pour qu'il y ait formation de courants électriques, il suffit donc que deux liquides hétérogènes soient séparés par un espace capillaire ou une membrane endosmotique. M. Onimus a reconnu que les substances albuminoïdes agissent de la même façon que les membranes et qu'elles déterminent la production des mêmes phénomènes électro-capillaires.

C'est ainsi qu'en mettant d'un côté d'une couche d'albumine une solution de sulfate de cuivre et de l'autre une solution d'oxalate de potasse, il se forme de très beaux cristaux bleus d'oxalate double de cuivre et de potasse. De même, en séparant par de l'albumine du phosphate de soude et du nitrate de chaux, on obtient un courant électro-capillaire avec formation de phosphate de chaux et de nitrate de soude.

Actions calorifiques. — L'action chimique est une des sources des courants propres des tissus organiques; elle n'est pas la seule. Ce que je disais tout à l'heure à propos des dédoublements chimiques, je puis le répéter de nouveau en ce qui concerne les actions calorifiques. On sait que l'organisme produit une grande quantité de chaleur. Or, toutes les fois qu'un corps est inégalement chauffé, il se produit un courant de la partie la plus chaude à la partie la plus froide. C'est ce qu'on observe dans les piles thermo-électriques où, pour rendre le phénomène plus appréciable et plus énergique, on emploie des métaux différents, l'un refroidi, l'autre chauffé. Or, ces conditions d'inégal échauffement, de substances diverses différemment chauffées, se retrouvent constamment chez l'être vivant.

Changements de forme et de surface. — Enfin, le changement de forme et de surface que subit surtout le système musculaire sont aussi des sources d'énergie électrique.

Cette théorie étant moins connue et moins généralement admise que les précédentes, je vais entrer dans quelques détails. Vous connaissez les curieuses expériences de M. Lippmann. M. Lippmann prend un vase rempli de mercure et d'eau acidulée; au-dessus se trouve disposé un entonnoir à pointe affilée et à tube capillaire. L'entonnoir est rempli de mercure dans lequel plonge le réophore du galvanomètre, l'autre réophore étant mis en communication avec la couche de mercure du vase. On constate qu'à chaque goutte qui tombe de l'entonnoir et vient faire varier légèrement la surface de la couche de mercure, il se produit une déviation.

Dans une seconde expérience, M. Lippmann a pris deux vases dans chacun desquels on dispose une couche de mercure, et au-dessus une couche d'eau acidulée; une mèche de coton met en communication les deux couches aqueuses, tandis qu'un fil, sur le trajet duquel est intercalé un galvanomètre, réunit les deux surfaces du mercure. Tant que les rapports de surface restent égaux dans les deux vases, aucun courant ne se manifeste; mais, vient-on à incliner brusquement l'un des vases, l'autre restant immobile, il se produit une différence de potentiel en faveur du vase bougé, dans lequel la surface du mercure a augmenté et qui devient positif.

M. d'Arsonval a obtenu le même résultat en mettant le mercure dans des tubes en caoutchouc qu'il pouvait étirer et dont, par conséquent, il pouvait faire varier le calibre intérieur. En accouplant en tension une centaine de ces tubes, il a même pu produire des secousses appréciables et démontrer que l'appareil électrique de la torpille était constitué par une série de petits tubes à surface variable, et que, dans ces variations de surface, se trouvait la source de l'électricité que produisent ces animaux, et non point dans une action chimique que personne n'avait pu encore démontrer.

On le voit donc, il suffit qu'entre deux corps en présence, les surfaces changent de rapport pour qu'il se produise une différence de potentiel qui, dans des conditions favorables, produira un courant.

Or, pendant la contraction musculaire, n'assistons-nous pas précisément à un changement de surface? Il y a donc là encore très certainement une source de courant électrique, source peut-être plus intermittente que les deux premières, mais qui n'en est pas moins importante en ce que, comme nous le verrons tout à l'heure, elle explique un des phénomènes les plus curieux parmi les manifestations électriques dont nos tissus sont le siège.

En résumé donc, les trois sources de l'électricité produite dans les tissus vivants sont : 1° l'action chimique; 2° la chaleur; 3° les variations de volume et de surface.

De cet ensemble de forces naît une différence de potentiel et un flux continu électrique qui s'écoule constamment au travers des tissus vivants. Comment est-on arrivé à cette notion? L'histoire des étapes successives qui ont marqué la découverte de ce phénomène est celle même de l'électro-physiologie, et je vais la résumer brièvement.

Revue historique. — Tous les traités de physique, tous les ouvrages d'électricité donnent l'histoire de Galvani et de sa grenouille. On sait que Galvani conclut des secousses qu'il remarquait chez cet animal, dont les nerfs lombaires, d'une part, les muscles gastrocnémiens, d'autre part, étaient mis en rapport avec un arc métallique; Galvani conclut, dis-je, que la grenouille fabriquait de l'électricité. Volta, en montrant que le contact de deux métaux hétérogènes donne un dégagement d'électricité, obligea Galvani à modifier les conditions de son expérience. Galvani et son neveu Aldini firent l'expérience suivante, qui est fondamentale : Après avoir détaché les nerfs lombaires de la colonne vertébrale, en conservant seulement une portion de celle-ci pour les maintenir à leur partie supérieure, on les soulève légèrement au moyen d'un bâton de verre et on les amène en contact avec la surface extérieure d'une des cuisses de la grenouille et aussitôt la cuisse se contracte.

De la dispute célèbre, et qui dura plusieurs années entre les deux savants, naquirent deux découvertes de la plus haute importance. Volta inventa la pile et Galvani avait trouvé l'électricité animale. Puis vinrent les travaux de Humbolt, de Valli, etc., et enfin de Nobili. Avant cet auteur, et depuis Galvani, les expériences étaient faites en se servant de la grenouille comme galvanoscope. On se basait, pour déterminer les résultats, sur la contraction qui était déterminée ou non dans la cuisse de cet animal si sensible, comme on le sait, à la moindre excitation électrique. Nobili, en donnant au galvanomètre la sensibilité qui lui manquait jusqu'alors, permit d'employer cet instrument en électro-physiologie et de pouvoir contrôler bien plus exactement les expériences. Il permit, en outre, de constater que le courant électrique animal faisait régulièrement dévier dans un même sens l'aiguille du galvanomètre et avait, par conséquent, une direction constante, toutes choses égales d'ailleurs. Nobili constata que ce courant était dirigé du muscle vers le nerf, et il le désigna sous le nom de : courant propre de la grenouille « la corrente propria della rana ».

Nobili considérait le courant de la grenouille comme un courant thermoélectrique; pour lui, le nerf formait l'élément positif et le muscle l'élément négatif. Il pensait que le courant était provoqué par le refroidissement plus rapide du nerf, en comparaison du muscle. De la Rive et Magendie admirent tout d'abord cette opinion.

C'est alors que vinrent les travaux de Mateucci et de Dubois-Reymond (1844).

Matteucci démontra que le phénomène électromoteur sur lequel repose le courant propre de la grenouille ne dépend nullement d'un courant fermé en forme de cercle par le muscle et le nerf. Il prouva, en effet, qu'il suffit de mettre en contact deux points de la grenouille pour produire le courant. Presque simultanément, Dubois-Reymond arrivait aux mêmes conclusions.

Depuis, de nombreux physiologistes : Becquerel, Cl. Bernard, Vulpian, Chauveau, Marey, d'Arsonval, François Franck, etc., se sont occupés du courant électro-musculaire, et de leurs travaux, il ressort ceci :

Courant propre des muscles et des nerfs. — Si l'on applique l'un des fils conducteurs d'un galvanomètre sensible à la surface d'un muscle et l'autre fil sur le tendon de ce muscle, on obtient une déviation de l'aiguille qui indique un courant se dirigeant de la surface musculaire au tendon ; le muscle est positif par rapport au tendon. Si l'on sectionne le muscle parallèlement à ses fibres, d'une part, et, d'autre part, perpendiculairement à ces fibres, on retrouve dans ce tronçon la même direction du courant. C'est-à-dire que la surface musculaire parallèle aux fibres est positive par rapport à la section transversale. Ces courants peuvent être observés chez tous les animaux vivants ou récemment tués. Dans ce dernier cas, ils diminuent à partir du moment de la mort pour s'éteindre d'autant plus vite que l'animal occupe un degré plus élevé dans l'échelle animale.

C'est ainsi que chez les animaux à sang froid, le courant persiste plus longtemps après la mort que chez les mammifères.

Jusqu'ici, nous nous sommes occupés du courant propre musculaire. L'électricité se produit-elle uniquement dans le muscle? Non, évidemment, et nous allons la retrouver dans d'autres tissus.

Tout d'abord, dans le nerf.

Le nerf, comme le muscle, est le siège d'un courant électrique qui, dans un tronçon nerveux, circule, comme dans le muscle, de la surface longitudinale à la surface de section.

Une patte de grenouille dépouillée étant séparée du tronc avec une assez grande longueur de nerf sciatique, on réunit par un arc conducteur la surface de section du nerf avec sa surface longitudinale. Au moment où le circuit se ferme, la patte se contracte ou le galvanomètre dévie.

On peut aussi faire une autre expérience. On place le nerf sur deux coussins de papier à filtre trempant dans une solution de sulfate de zinc, que contient un petit auget en zinc amalgamé et isolé. La section du nerf est au contact de l'un des coussins; la surface longitudinale repose sur l'autre coussin. Chaque auge est mise en communication avec le fil d'un galvanomètre à fil fin.

Voici donc démontrée l'existence d'un courant électrique dans le muscle, d'une part; dans le nerf, d'autre part.

Courants propres recueillis à la surface du tégument. — M. de Tarchanoff (29 juin 1889) a recherché si l'on pouvait recueillir des courants sur la peau saine. Jusqu'alors, toutes les tentatives faites dans ce sens n'avaient donné que des résultats contradictoires. Mais le perfectionnement des appareils de mesure et l'emploi d'un galvanomètre à miroir ont permis à M. de Tarchanoff d'établir qu'il existait dans la peau de l'homme des décharges électriques sous l'influence de l'excitation des organes des sens et des différentes formes d'activité psychiques. Voici le dispositif de l'*expérimentation* :

Différents points de la peau sont mis en communication avec le galvanomètre par l'intermédiaire d'électrodes impolarisables dont le bout d'argile vient se relier à la surface cutanée par l'intermédiaire de petits tampons d'ouate humectée d'eau salée.

Pendant l'expérience, le sujet est dans un état de tranquillité absolue, sans subir aucun mouvement volontaire. La tranquillité dans la chambre même, le manque de bruit et de distractions est une condition nécessaire pour la réussite de l'expérience. Sans cela, comme le montrent les expériences, il n'y a aucune possibilité d'obtenir un zéro de déviation nécessaire au début d'une expérience à faire, et l'aiguille du galvanomètre exécuterait tout le temps des mouvements de va-et-vient, qui empêcheraient de faire une observation. On met en communication avec le galvanomètre différents points de la surface de la peau, en ayant soin que chaque fois une des électrodes soit en rapport avec une partie de la peau riche de glandes sudoripares, et l'autre, au contraire, pauvre de ces organes. A cette condition correspond parfaitement la communication avec le galvanomètre des points suivants de la peau : la surface palmaire de la paume de la main et de la surface extérieure de l'épaule ou du bras ; la surface plantaire du pied, et la surface extérieure de la jambe, etc.

Voici, en somme, ce que l'on observe sous de différentes conditions d'activité nerveuse chez l'homme sain.

Excitation des organes des sens. — Chaque chatouillement par un pinceau ou par la barbe d'une plume de n'importe quel point chatouilleux chez l'homme provoque, après une période latente d'une à trois secondes, un courant cutané, qui, se développant lentement au commencement, augmente de force après, et fait dévier l'aiguille du galvanomètre, au point que les cinq cents petites divisions de l'échelle galvanométrique disparaissent complètement du champ de vision. La direction du courant cutané indique que les parties de la peau plus riches en glandes sudoripares (comme la paume de la main, la surface plantaire du pied, etc.) deviennent, pendant l'excitation, négatives par rapport aux parties moins riches de ces glandes, qui sont positives. Ainsi, dans la main, on voit se développer un courant cutané ascendant, ainsi que dans la jambe. Ce courant cutané persiste longtemps, c'est-à-dire quelques minutes après la période d'excitation; après quelques minutes, le courant commence à s'affaiblir et l'aiguille du galvanomètre revient lentement à zéro, mais non d'une manière uniforme, mais avec des arrêts, en donnant des oscillations secondaires et tertiaires dont l'amplitude devient de moins en moins forte, jusqu'à ce que l'aiguille revienne à sa place primitive.

Chaque répétition de la même excitation donne des effets électriques de moins en moins forts, jusqu'à leur complète disparition.

Les mêmes effets électriques s'observent dans d'autres formes d'excitation de la peau et d'autres organes des sens, comme par exemple sous l'influence de l'électrisation de la peau, de son excitation thermique, douloureuse, etc.; sous l'influence du bruit d'une clochette électrique, par exemple, de la lumière tombant dans l'œil, des substances odoriférantes agissant sur l'organe de l'odorat, des substances gustatives agissant sur les organes du goût, etc.

Dans tous les cas, l'effet électrique cutané est le même, et il n'y a que différence de quantité et non de qualité.

Ainsi, l'activité de tous les organes de sens,

en général, quoique momentanée, s'accompagne de phénomènes électriques cutanés d'une certaine régularité. Il y aurait, dans ce cas, des décharges électriques cutanées, l'homme rappelant de loin les décharges qui se font dans les mêmes conditions chez la torpille électrique, par exemple.

La représentation psychique des différentes sensations et émotions. — Ce caractère d'activité psychique retentit parfaitement sur les phénomènes électriques cutanés de l'homme. Il suffit de se représenter la sensation du chatouillement, la sensation de chaud, de l'aigre, etc., une émotion vive de frayeur ou de joie, pour que le galvanomètre indique le développement d'un courant cutané électrique qui, quelquefois, peut dépasser en force le courant provoqué par l'excitation immédiate et réelle des organes des sens. La *localisation psychique* des sensations dans un membre déterminé, par exemple d'une forte transpiration et de la chaleur dans la paume de la main, augmente de beaucoup les effets électriques cutanés recueillis dans ce membre, même comparativement aux autres. La représentation psychique du froid, qui détermine chez quelques personnes le phénomène de chair de poule, s'accompagne de courants électriques cutanés beaucoup plus faibles, et quelquefois même inverses à ceux que l'on obtient chez les mêmes sujets, sous l'influence d'une représentation psychique de sensation de chaleur.

Travail intellectuel. — L'activité mentale pour différents problèmes arithmétique, d'addition, de multiplication, etc., plus ou moins compliqués s'accompagne de courants électriques cutanés d'autant plus manifestes que le travail intellectuel a été plus difficile.

L'effort intellectuel s'accompagne toujours de phénomènes électriques cutanés, qui ne cessent de se manifester qu'à l'état de la fatigue du sujet en dehors de l'expérience.

Il est curieux que l'effort intellectuel ait une telle puissance dans cette direction que quand le sujet, par *la répétition* des excitations périphériques des organes des sens, ne réagit plus sur eux par des courants électriques cutanés; il lui suffit d'aborder un problème arithmétique compliqué pour manifester un courant électrique cutané d'une grande force.

L'attention expectante. — Il est fort curieux que l'état de l'attente s'accompagne toujours d'oscillations de l'aiguille galvanométrique, qui ne peut être retenue sur le zéro de l'échelle, ce qui, par conséquent, nuit complètement à l'expérience. Pour avoir la possibilité de faire une expérience, il faut que le sujet mis en expérience soit capable de se mettre dans un état de relâchement psychique, de repos ou inactivité psychique.

Les innervations volontaires musculaires. — Chaque contraction musculaire, nécessitant un effort volontaire conscient, s'accompagne de courants électriques cutanés, répandus dans tous les membres du corps. Le mouvement volontaire d'un orteil peut provoquer un courant cutané dans la main qui restait tout le temps parfaitement immobile. De sorte que ce n'est pas la contraction elle-même qui est la source immédiate du courant cutané, mais l'effort psychique volontaire, lancé par la volonté pour son accomplissement. Et, en effet, j'ai remarqué que plus l'effort volontaire pour l'accomplissement d'un mouvement est grand, plus il est intense, plus forts sont les effets électriques cutanés. Ainsi le mouvement de la convergence des yeux sur le haut du nez s'accompagne de phénomènes électriques cutanés plus forts qu'un mouvement ordinaire et beaucoup plus ample des membres supérieurs ou inférieurs.

Tels sont les faits observés par M. Tarchanoff et qui démontrent que tous les tissus de l'organisme mis en activité sont capables d'engendrer des courants électriques.

Ces courants ont été attribués nettement aux actions chimiques qui se passent continuellement dans nos organes par Matteucci, Rancke, Becquerel, Hermann; mais cette théorie a é.é vivement combattue par Dubois-Reymond et presque toute l'école allemande, qui a adopté l'hypothèse de molécules électriques péripolaires et s'y rallie encore.

Dubois-Reymond admet l'existence de molécules électriques présentant deux pôles négatifs et un équateur positif. Le courant nerveux observé au galvanomètre dépendrait de ce que, en plaçant un réophore sur la surface du muscle ou du nerf, on le met en contact avec l'équateur positif des molécules, tandis que, au niveau de la section transversale, le réophore se trouve au contact des pôles et, par conséquent, recueille une tension négative.

Je ne m'étendrai pas plus longtemps sur cette théorie qui n'a actuellement, pour nous, qu'un intérêt historique.

Théories allemandes. — Il est, en effet, permis, dans l'état actuel de la science, d'écarter l'hypothèse allemande par la question préalable. Il est, en effet, absolument démontré que tous les phénomènes électriques dérivent d'une transformation de l'énergie. Cette transformation nous la trouvons partout dans les innombrables phénomènes électriques, aujourd'hui connus, et c'est une règle qui n'a point d'exception : chose rare. On nous accordera bien qu'il est au moins inconséquent de ne pas chercher cette transformation de l'énergie dans les questions d'électrologie organique, et qu'il est peu vraisemblable, peu conforme aux données générales de la science, que des lois physiques soient modifiées pour l'usage particulier des animaux. Admettre l'organisation péripolaire des molécules organiques, c'est tendre à cette conclusion que, seuls dans la nature, ces tissus possèdent une source électrique spontanée, intarissable, capable de créer, dans le sens absolu du mot, une forme de l'énergie.

La théorie de Dubois-Reymond, qui pouvait être discutée il y a quarante ans, doit être reléguée parmi les curiosités historiques; quant à ceux qui l'admettent encore, ils ferment les yeux à l'évidence, ce qui est une condition défavorable pour s'occuper d'électro-physiologie. Becquerel, du reste, a fait à Dubois-Reymond une objection à laquelle ce dernier n'a jamais pu répondre d'une manière satisfaisante. Becquerel a pris un muscle, l'a réduit en bouillie, de façon à détruire mécaniquement l'arrangement moléculaire de Dubois-Reymond et, dans ce tissu ainsi désorganisé, le courant électrique s'est manifesté du même sens que si le muscle était intact.

La seule différence est que, dans ce cas, la constatation du courant doit être faite très rapidement, car, au bout de quelques minutes, on ne rencontre plus que des traces très faibles d'électricité, ce qui s'explique par le fait que la vie cellulaire est anéantie par la trituation. La dispute entre la théorie chimique et la théorie des molécules dipolaires que je viens de synthétiser en quelques mots a duré quarante ans; on a écrit, à ce propos, deux ou trois cents ouvrages in-folios et vingt savants ont passé une bonne partie de leur vie à la discuter. Pour arriver à se mettre d'accord avec les faits, l'école allemande, en particulier, en est arrivée au chaos physiologique le plus complet et le plus incompréhensible.

Le moment est venu maintenant de vous parler du phénomène primordial qui a servi de cheval de bataille à l'école allemande et que l'école chimique n'a pas pu davantage expliquer, que Dubois-Reymond n'a pu répondre à l'expérience de Matteucci dont je parlais tout à l'heure. Il s'agit du phénomène connu sous le nom d'*oscillation négative.*

Oscillation négative. — Nous avons vu que le courant électrique se dirigeait normalement de la surface du muscle à sa section. Or, quand le muscle se contracte, l'aiguille du galvanomètre, loin d'indiquer un courant plus intense, revient au zéro et parfois se dirige dans le sens contraire indiquant un courant de sens opposé au précédent. Or, disent les partisans de la doctrine des molécules dipolaires, les échanges chimiques augmentant avec la contraction, avec les fonctions du muscle, le courant devrait à ce moment-là augmenter; loin de là, il disparait. Ce ne sont donc pas les échanges chimiques qui sont la cause de ce courant, mais bien des molécules dipolaires qui, pendant la contraction, subissent une rotation, font demi-tour, pour employer une expression vulgaire, et présentent alors leurs équateurs positifs là où, auparavant, se trouvaient les zones polaires négatives, d'où inversion du courant.

A cela, Matteucci ni les autres n'ont pu répondre et les deux camps opposés couchaient sur leurs positions : les uns ne pouvant expliquer pourquoi un muscle réduit en purée fournit encore du courant; les autres, pourquoi un muscle qui augmente ses oxydations diminue son courant propre.

Eh bien, je partage absolument l'avis de M. d'Arsonval qui explique l'oscillation négative par l'intervention de la troisième source de courant que j'ai signalé plus haut, le changement de forme et de surface.

Je vous ai démontré par l'expérience dont vous venez d'être témoins que cette action physique détermine une chute de potentiel. Cette chute de potentiel se produit en sens inverse du courant propre fourni par l'action chimique, l'annihile et, dans certains cas, le surmonte et fait dévier l'aiguille du galvanomètre en sens inverse.

Telle est l'explication bien simple aussi satisfaisant pour l'esprit que d'accord avec toutes les données de la science, que je vous propose de donner à l'oscillation négative.

Il ne manque donc plus à la théorie du courant propre du muscle que je soutiens que d'expliquer le pourquoi du sens du courant. Et d'abord, je vais faire une remarque que je n'ai entendue ni lue nulle part. Quand on dénude un muscle pour examiner son courant propre (et on a toujours procédé ainsi, les expériences, *fait important à retenir*, étant contradictoires quand on employait des aiguilles enfoncées dans la peau), quand on a dénudé un muscle, dis-je, se place-t-on dans la situation normale, réelle du muscle fonctionnant normalement? Il est évident que nous devons répondre par la négative. Un muscle dénudé est mis au contact de l'air, c'est-à-dire de l'oxygène, et cet oxygène vient très certainement troubler son oxydation normale. De plus, la surface est privée d'une partie du liquide qui la baignait normalement, se dessèche plus vite.

Conclusion. — Eh bien, de cette incursion dans le domaine des tissus vivants, que nous reste-t-il? Cette notion que ces courants existent indénialement et que dans les conditions expérimentales usuelles ils affectent une direction constante. Mais, chez un animal non traumatisé, dans des muscles recouverts de leur enveloppe normale, la peau, quel est le sens, la direction propre de ces courants, nous n'en savons absolument rien. La physiologie est muette à cet égard.

C'est qu'en effet, je n'hésite pas à le dire, on a fait fausse route dans cette étude en remplaçant l'observation par l'expérimentation.

Les courants propres des tissus vivants une fois découverts par Galvani, étudiés par Humboldt, définis quant à leur sens par Matteucci et Dubois-Reymond, on avait mieux à faire que d'épuiser, pendant un demi-siècle, les ressources de la dialectique, que de taillader des muscles en tous sens pour faire accorder les faits avec une théorie qu'il n'était pas possible d'édifier à cette époque, la science électrique n'étant pas encore assez avancée. Un des plus grands observateurs cliniques de ce siècle, M. Charcot, a coutume de dire que, quand on entreprend l'étude d'une partie inconnue de la science, il suffit tout d'abord d'observer, d'accumuler le plus de faits possible; la théorie, l'explication, la synthèse vient toute seule plus tard. C'est ce que n'ont point fait les électro-physiologistes, dont l'unique pensée a été de confirmer la théorie qu'ils avaient imaginée. Car est-ce autre chose qu'une curiosité scientifique, que Matteucci empilant des pattes de grenouille pour constituer des batteries d'un nouveau genre? La nature présente-t-elle des cuisses empilées? A quoi pouvait bien servir l'expérience de Dubois-Reymond sectionnant les tissus en long, en large, obliquement? Les muscles sont-ils sectionnés ainsi dans la nature?

Et il en résulte ceci, c'est que nous sommes obligés d'avouer notre ignorance en ce qui concerne la direction, l'intensité, la durée des courants électro-organiques normaux, ceux qui se passent chez l'animal vivant et non traumatisé. A l'exception de Tarchanoff et de d'Arsonval, le premier, qui a étudié des faits vraiment physiologiques; le second, qui a démontré rigoureusement, mathématiquement, par l'expérimentation physique, la cause de la décharge électrique de certains poissons, l'œuvre tout entière des électro-physiologistes peut être résumée en quelques lignes et ne présente, au point de vue électro-thérapique, qui doit être le but de toutes nos recherches, absolument aucun intérêt. Je défie qu'on me cite une seule application thérapeutique déduite de la connaissance du courant propre.

Il faudrait, pour que ces notions puissent être à la thérapeutique de quelque utilité, que, d'une part, on connaisse les courants réels et non les courants expérimentaux ; d'autre part, qu'on s'inquiète de leur rôle, ce que seul Onimus a fait jusqu'ici et en s'appuyant sur les recherches de Becquerel à propos des courants électro-capillaires.

Il est possible, en effet, en se rapportant aux phénomènes physiques dont nous connaissons les lois, de croire que l'existence de courants galvaniques parcourant dans tous les sens l'intensité de nos tissus, n'est pas indifférente aux échanges nutritifs. Deux liquides de densité et de composition chimique différentes étant séparés par une membrane animale, on sait qu'il se produit sous le nom d'endosmose ou d'exosmose un courant qui fait que l'équilibre de densité tend à s'établir entre les deux liquides, à travers la membrane, par suite d'échanges réciproques. On sait aussi que l'endosmose et l'exosmose sont énormément activées si on fait parcourir le liquide par un courant galvanique dont l'effort mécanique entraîne les molécules dans le sens de sa direction, si bien qu'il peut, à lui seul, renverser les termes de l'expérience et produire de l'exosmose là où, normalement, sans son intervention, l'endosmose aurait eu lieu. Or, n'est-il pas légitime de comparer nos tissus à une infinité de membranes animales séparant une infinité de liquide de densité et de composition chimique. L'organisation des vaisseaux capillaires ne correspond-elle pas exactement à cette vue théorique? Et ne pouvons-nous en déduire, fait que l'expérience doit vérifier, que l'un des buts du courant propre est d'activer les échanges osmotiques et par conséquent d'être un des agents actifs de la nutrition?

Ce rôle est-il le seul? Certainement non. Il doit se produire aussi des actions dues à l'électrolyse des tissus organiques, électrolyse inséparable de l'existence même de tout courant. Il est à croire aussi que le courant électro-organique doit servir d'agent d'excitation au système nerveux si sensible, on le sait, à l'excitant électrique. Mais, en ce moment, je manque à la loi que j'énonçais tout à l'heure; je sors du domaine des faits pour rentrer dans celui de l'hypothèse. Cependant je ne puis m'empêcher de vous faire remarquer que l'électrothérapie ne sera assise que le jour où le rôle du courant propre nous sera exactement connu, puisque, comme nous le verrons dans une prochaine conférence, nous pouvons, par des applications électriques externes, faire pénétrer à travers l'organisme du courant électrique qui, pour le moment, n'agit qu'aveuglément, mais que, dans un avenir peu éloigné, je l'espère, viendra judicieusement renforcer ou atténuer le courant propre et augmenter ou diminuer, selon les cas, son action physiologique.

III

LOIS DE DISTRIBUTION DES COURANTS DANS L'ORGANISME

MESSIEURS,

Avant d'aborder l'étude des modifications subies par l'excitabilité des nerfs et des muscles sous l'influence des divers courants et des différents modes d'excitation électrique, il importe que nous ayons des notions précises sur les conditions physiques qui président à la distribution, à la diffusion de ces courants dans l'organisme.

De même que, quand on étudie les piles, il faut tout d'abord se préoccuper de leurs *constantes*, c'est-à-dire des conditions primordiales inhérentes à leur fonctionnement, de même, quand on s'occupe d'électrologie pratique, il faut savoir que certaines lois dominent l'action des courants, lois qui dérivent de la *résistance* des tissus organiques, de la *densité* du courant au point d'application, des *courants dérivés* et des phénomènes de *polarisation*.

Lois de Ohm. — Nous savons, par la formule de Ohm, $I = \frac{E}{R}$, que le facteur résistance peut, dans toute expérience galvanique, modifier énormément l'intensité, la valeur, le travail mécanique de l'énergie dépensée. Il est donc important que nous sachions, au moins approximativement, quelle est la résistance des tissus organiques, pris en bloc d'abord, et quelle est ensuite la résistance des diverses parties constituantes du corps d'un animal vivant.

Deux procédés nous permettent actuellement d'arriver très vite et très précisément à cette détermination. Nous pouvons tout d'abord nous servir d'un rhéostat ; nous pouvons aussi, plus simplement, calculer directement la résistance en appliquant la formule $R = \frac{ne}{I} - nr$. Avec cette dernière solution, on a l'avantage d'éviter les erreurs qui peuvent provenir du rhéostat, appareil qui, comme vous le savez, est rarement bien étalonné et dont le moindre grain de poussière, au moins pour nos rhéostats médicaux, vient troubler le fonctionnement.

L'école allemande s'est à peine préoccupée de cette question de la résistance des tissus, comme du reste, de toute la partie physique de l'électrologie. Je dois cependant faire une exception en faveur d'Eckhard; Matteucci, au contraire, avait bien saisi son importance et, malgré le peu de moyens scientifiques dont il disposait, il a pu, par une suite d'expériences portant la marque de cet esprit si ingénieux, établir des résultats qui n'ont pas été sensiblement modifiés depuis. Il s'est fondé sur une loi très connue de physique, à savoir que *l'intensité des courants dérivés dans deux corps différents est en raison inverse du pouvoir conducteur de ces corps.*

Je m'explique : soit trois fragments de muscle, de nerf, d'os, etc., à peu près de même forme et de même longueur, placés bout à bout sur un plan isolant, une lame de verre, par exemple, et faisons parcourir cette chaîne organique par un courant d'intensité constante; d'autre part, nous avons préparé un bouchon traversé de deux pointes de platine reliées par deux fils aux bornes du galvanomètre. En plongeant successivement ces deux pointes dans le fragment de muscle, de nerf, d'os, pendant que ces fragments sont parcourus par un courant constant, il est clair qu'on recueillera une partie du courant sous forme de courant dérivé. Or, la déviation du galvanomètre est très peu accusée quand les aiguilles plongent dans le tissu musculaire, quatre fois environ plus considérable quand elles plongent dans le tissu nerveux, et encore davantage quand elles sont au contact du fragment osseux.

Matteucci en conclut que le muscle est le plus conducteur des tissus de l'économie, quatre fois environ plus que le nerf.

Ces expériences ont été reprises sous d'autres formes par plusieurs observateurs et, actuellement, si nous représentons par 1 la valeur de conductibilité du muscle, nous pouvons, approximativement bien entendu, établir le tableau suivant :

Muscle	1
Nerf	2.5
Cartilage	2.5
Os	6 ou 7
Peau revêtue de son épiderme.	100 à 500

Nous allons reprendre devant vous ces recherches, qui sont devenues bien plus faciles depuis qu'on possède des galvanomètres étalonnés.

La connaissance de ces différences considérables dans la conductibilité des différents tissus organiques nous conduit à cette conclusion qu'ils doivent être diversement soumis au passage du courant de pile, et que ce dernier doit se distribuer différemment dans chacun d'eux, en suivant les lois des *courants dérivés*.

Courants dérivés. — L'organisme, au point de vue de la distribution des courants, peut, en effet, être assimilé à un conducteur multiple composé de substances diversement conductibles. Or, nous savons que les courants dérivés se distribuent proportionnellement à la conductibilité des différentes parties d'un circuit multiple.

En appliquant ces données à l'électrophysiologie, il résulte que la plus grande part d'un courant appliqué sur un membre traversera le système musculaire, une moins grande part les nerfs, et une encore moins grande les os.

Si maintenant nous cherchons à nous rendre compte du pourquoi de cette conductibilité, il est facile de nous apercevoir que la conductibilité plus ou moins grande des parties organiques est due, non au tissu, mais à la proportion plus ou moins considérable du liquide qui l'imprègne. Pour prouver cette affirmation, je vais faire devant vous une expérience qui n'a pas encore été signalée sur des muscles, des nerfs et des os desséchés et qui deviennent par ce procédé à peu près isolants.

Si donc, comme je viens de le démontrer, c'est la quantité de liquide imprégnant les tissus qui détermine leur conductibilité, il s'ensuit que, de tous les tissus organiques, le plus conducteur est, non le muscle, mais bien les vaisseaux. Cette conséquence qui découle du raisonnement serait, j'en suis certain, facilement vérifiable, mais il faudrait pour cela un animal vivant et un appareillage que nous ne possédons pas.

Ici, j'introduis une parenthèse. Vous savez que nombre d'observateurs ont avancé que l'influx nerveux était identique au courant électrique ou, pour mieux dire, que les nerfs, lors de leur fonctionnement, étaient parcourus par le fluide électrique. La découverte du courant propre du nerf, dont je vous ai parlé dans ma dernière conférence, n'a pas peu contribué à accréditer cette idée qui n'a pris fin que lorsque Marey, au moyen de ses admirables instruments enregistreurs, a pu démontrer que la vitesse de propagation de l'influx nerveux et du courant électrique étaient très différentes.

On aurait pu, bien avant la démonstration de Marey, réduire à néant l'affirmation de l'identité de l'influx nerveux et du courant électrique si on s'était reporté au principe physique, à la loi de la conductibilité variable des tissus organiques. En effet, en supposant que le cerveau émette une chute de potentiel, le courant ainsi produit s'écoulerait, non pas dans le nerf, mais bien dans les muscles et surtout dans les vaisseaux, en se diffusant de plus en plus à mesure qu'il s'éloignerait de son point de départ. L'hypothèse était donc *a priori* insoutenable.

Nous venons de voir quelles sont les valeurs relatives des différents tissus au point de vue de la conductibilité électrique. En thérapeutique on ne se trouve pas en présence de valeurs relatives, mais bien de valeurs absolues. Il faut donc, maintenant, nous préoccuper de la résistance que peut présenter le corps humain dans son état physiologique.

Résistance des tissus. — De tous les tissus du corps, celui qui est de beaucoup le plus résistant, et dont nous n'avons pas encore parlé, est la peau ou, pour mieux dire, l'épiderme. C'est la couche cornée de l'épiderme qui est le plus important obstacle que nous ayons à surmonter lors de nos applications thérapeutiques. C'est parce que nous sommes obligés de le traverser que nous voyons 20, 30 volts être nécessaires pour produire une intensité de quelques milliampères. Ce qui revient à dire que la résistance d'une partie du corps, revêtue de son épiderme, varie de 800 à 3000 ohms.

Ces hautes résistances de 3000 ohms et même davantage sont obtenues, cela va sans dire, là où l'épiderme est le plus épais : à la paume des mains calleuses, au talon, etc. Chez les personnes à peau fine, par contre, la résistance est très diminuée, particulièrement chez celles qui ont le réseau veineux superficiel développé ou dont les glandes sudoripares secrètent activement. Dans ces cas, les principes conducteurs des tissus qui sont, nous l'avons vu, des liquides, sont en abondance et entraînent par leur présence une diminution de la résistance. Aussi, Vigouroux, s'inquiétant des variations de la conductibilité électrique qui se manifestent dans certains états pathologiques, a pu voir que dans le goître exophtalmique, les fièvres, etc., la résistance des sujets est au-dessous de la moyenne, tandis que chez les hystériques, dans certaines affections cutanées, la résistance est notablement au-dessous de la moyenne.

Ce résultat n'est pas pour nous surprendre. Dans le cas de maladie de Basedow, de fièvres, la circulation est activée, les sécrétions surabondantes; dans les cas d'hystérie, de psoriasis, etc., la peau est mal irriguée (on sait que les piqûres faites à des hystériques ne saignent pas), les sécrétions réduites au minimum, la peau sèche.

Dans certaines applications électriques, on supprime la résistance de la peau, par exemple, dans les opérations électrolytiques par punctures, dans la galvanisation intra-utérine, etc. Aussi voit-on dans ces cas la résistance tomber immédiatement de 'plusieurs centaines de ohms.

J'ai calculé, sur une vingtaine de sujets, quelle était la résistance pendant le cours d'une galvanisation intra-utérine. Cette résistance est très variable; elle oscille entre 200 et 600 ohms.

Elle devient extrêmement faible dans le cas où l'influence de l'épiderme est totalement supprimée, comme en électrolyse double avec les deux aiguilles implantées dans les tissus. Elle est alors d'environ 200 ou 250 ohms.

On voit que, en somme, dans le cours de nos applications médicales, la résistance varie entre 200 et 3000 ohms. C'est-à-dire qu'une batterie, donnant 20 volts de force électromotrice (14 éléments Leclanché environ), peut fournir de 100 milliampères à 6 milliampères, suivant le mode d'application des électrodes.

De là la nécessité de l'intercalation dans le circuit, de l'appareil de mesure : du galvanomètre.

Certains procédés peuvent modifier la résistance épidermique et la diminuer dans une certaine mesure. C'est à l'imbibition par l'eau des cellules cornées qu'on a recours en définitive.

Pour atteindre ce but, on peut soit laver la peau avec de l'alcool ou de l'éther, qui, dissolvant les matières grasses, favorise la pénétration des liquides, soit plonger plus simplement le membre dans un bain tiède quelque peu prolongé. C'est ainsi que, dans les bains, la résistance baisse considérablement, fait d'observation qui a produit ce résultat quelque peu paradoxal que le courant continu, appliqué dans l'eau d'une baignoire passe en notable partie dans le corps du patient qui s'y trouve immergé, et cependant la résistance de la couche aqueuse n'est que de 250 ou 300 ohms.

Densité du courant. — Nous passons maintenant à l'étude de la *densité* du courant. *On nomme densité le rapport de l'intensité du courant à la section du conducteur.* La notion de densité est généralement négligée dans les applications industrielles de l'électricité où l'on ne calcule que le rendement des électro-moteurs, et, comme on cherche naturellement à obtenir un rendement maximum, on s'efforce de diminuer autant que possible la résistance des circuits en les construisant avec des conducteurs de grande section. On ne tient compte de la notion de densité qu'en ce qui concerne l'emploi de lampes à incandescence.

En électrothérapie, le circuit traversé par le courant est forcément complexe et formé de conducteurs de section et de conductibilité très différents (fils conducteurs, corps humains, électrodes); la densité électrique varie donc en chacune des zones correspondantes.

La plupart des auteurs ont négligé de traiter, dans leurs ouvrages, cette question de la densité, dont l'importance est cependant presque égale à celle de la notion de l'intensité. En effet, la négligence de l'évaluation de la densité expose les malades à un certain nombre d'accidents, et particulièrement à la formation d'eschares suivies de cicatrices indélébiles.

Il en est de même pour la douleur provoquée par le passage du courant. En opérant selon les conditions voulues, on doit pouvoir soumettre le malade à un courant voltaïque d'une intensité relativement élevée, sans qu'il éprouve autre chose qu'une sensation de chaleur et de léger picotement à la peau.

Toutes les fois qu'il y a réellement douleur aux points d'applications et, bien entendu qu'on ne cherche pas une action caustique, c'est que la densité est trop forte. Il faut donc intervenir, sous peine de voir se former une eschare.

Considérons le circuit tel qu'il est formé dans la majorité des cas et cherchons quelle est la densité relative du courant dans chacune de ses portions. Du pôle positif de la batterie part un conducteur métallique qui aboutit à l'un des excitateurs, plaque ou tampon. Ce conducteur, formé de plusieurs fils de cuivre tordus, a une section de 2 ou 3 millimètres et une longueur de 1 mètre à 1 mètre 50. On peut considérer comme nulle la résistance de cette portion du circuit, mais la section du cuivre étant très petite par rapport à celle du corps humain et à celle des électrodes, c'est dans cette partie *inerte* du circuit que le courant atteint son maximum de densité. Viennent ensuite les électrodes; leur conductibilité spécifique peut être considérée comme très bonne, surtout s'ils sont suffisamment humectés. Au niveau du contact de l'électrode avec les téguments, la section du circuit est mesurée par la surface active de l'excitateur. Par conséquent, en ce point, la densité du courant varie avec la surface de l'excitateur employé, et dans un rapport inverse; elle peut donc, comme cette dernière, subir de très grandes différences, tout en restant toujours très supérieure à la densité considérée dans le corps humain, où elle atteint son degré minimum. C'est surtout en ce point, où la densité présente de si grandes variations, qu'il importe au médecin de la calculer avec soin.

Supposons l'un des excitateurs couvrant une grande partie de la surface du corps, comme cela a lieu lorsqu'on électrise dans un bain, et considérons seulement le second excitateur. Si la surface de ce dernier est très grande, la densité électrique est faible à ce niveau. Dans ces conditions, le courant peut atteindre une densité de 100 à 150 milliampères, sans qu'il y ait vive douleur et sans danger d'eschares. C'est à peine si on constate une légère rougeur après plusieurs minutes d'application.

Boudet de Pâris a calculé la quantité d'électrité à laquelle pouvait donner passage une électrode ayant 600 centimètres carrés de surface, sans que le sujet manifeste de douleur. Il a trouvé que la quantité d'énergie qui traverse le circuit dans ces conditions avec une application de dix minutes de durée, est égale à environ . . . 400 watts.

41 kilogrammètres.

97 calories grammes.

soit plus d'un demi-cheval vapeur.

Mais, pendant une telle application, chaque centimètre carré d'épiderme n'a supporté que 0,00005 cent milliampères.

Si, au lieu d'une large plaque, au contraire, on emploie un tampon de 5 centimètres carrés, et qu'on veuille obtenir la même intensité, on s'aperçoit tout d'abord qu'il faut augmenter considérablement le nombre des éléments de pile en activité. En effet, la section du conducteur étant de beaucoup diminuée, la résistance du circuit se trouve proportionnellement augmentée, et, pour obtenir une intensité égale, il est nécessaire d'augmenter la force électro-motrice en ajoutant un certain nombre de volts.

Dans ces conditions, la douleur provoquée par l'application du tampon est tellement vive qu'elle devient intolérable.

Voici donc deux cas dans lesquels la quantité d'électricité mise en jeu et la durée d'application sont les mêmes, et cependant les effets locaux sont bien différents. Dans le premier cas, sensation presque nulle, légère rubéfaction de la peau ; dans le deuxième cas, douleur violente, insupportable, destruction des téguments.

Cette différence si grande dans les effets locaux doit être attribuée à deux causes :

1° *A l'augmentation de la force électromotrice nécessitée par l'augmentation de la résistance du circuit;*

2° *A l'augmentation de la densité électrique au niveau du point d'application.*

En effet, bien que la quantité d'électricité

soit la même dans les deux cas, il suffit de faire le calcul d'après les formules connues pour se rendre compte du changement apporté dans la valeur du travail électrique par l'augmentation de la force électro-motrice.

Ainsi, dans le second cas, avec le petit tampon, la somme de travail, après dix minutes, est représentée par :

911 watts au lieu de 400
92 kilogrammètres au lieu de. 42
219 calories grammes au lieu de 97

Ce qui donne, par unité de surface ou par chaque centimètre carré, 5 milliampères d'intensité, c'est-à-dire *cent* fois plus que dans le cas où on emploie la plaque large.

Ces chiffres suffisent à expliquer les résultats obtenus.

D'un autre côté, il faut remarquer que, dans le circuit formé par les conducteurs métalliques, les excitateurs et le corps du malade, le point qui présente le maximum de résistance spécifique correspond au point de contact de l'électrode avec les téguments. L'épiderme, nous le savons, fournit, en effet, à lui seul, la plus grande partie de la résistance totale du circuit.

Il en résulte qu'une grande partie du travail est absorbée par cette résistance et que l'effet maximum a lieu en ce point. Or, c'est précisément en ce même point que la densité électrique atteint sa valeur maxima. Ces deux causes agissent dans le même sens pour localiser en ce point la douleur que provoque le passage d'un courant trop intense.

Parmi les nombreuses conséquences qui découlent de ce qui précède, nous signalerons *l'ensemble des conditions qui permettent de faire pénétrer un courant voltaïque jusqu'aux organes profonds*. Partant de ce fait, que la plus grande partie du travail électrique est absorbée par la résistance de l'épiderme, si nous voulons qu'une quantité *suffisante d'électricité parvienne jusqu'aux organes profonds*, il faut, d'une part, mettre en jeu une quantité totale d'électricité très considérable et, d'autre part, diminuer autant que possible la perte éprouvée au niveau de l'épiderme ou, en d'autres termes, employer un courant de haute intensité et des excitateurs à grande surface.

Nous pouvons appliquer ces données à un exemple courant. Je suppose qu'il s'agisse d'électriser la moelle. Si nous nous servons comme électrodes de deux tampons, comme nombre d'électrothérapeutes le font encore, et que nous usions d'un courant d'une intensité de 15 milliampères, ce qui est le maximum tolérable par un tel procédé en nous reportant à la loi des courants dérivés et à la résistance spécifique des tissus organiques, nous pouvons constater que le courant qui arrive jusqu'à l'axe nerveux est extrêmement faible. En effet, un canal osseux doit être traversé et nous savons que la résistance de l'os est sept fois celle du muscle. Il ne pénétrera donc à travers la colonne vertébrale que la septième partie du courant, soit un courant de 2 milliampères environ.

Employons, au contraire, deux larges électrodes avec le même nombre d'éléments, le courant sera bien plus considérable et l'intensité du courant parcourant réellement la moelle très augmentée.

Boudet de Pâris a démontré *que la valeur de la densité électrique doit diminuer à mesure que l'intensité augmente.*

Je m'explique. Un excitateur ayant 1 centimètre carré de surface peut rester appliqué pendant dix minutes avec un courant de 1 milliampère ; il ne faut pas en conclure qu'un autre excitateur vingt fois plus grand pourra rester appliqué pendant le même temps avec une même densité, c'est-à-dire avec un courant de 20 milliampères. La douleur serait intolérable et l'escharification imminente. Il faut, pour supporter cette intensité pendant ce laps de temps, un excitateur de 100 milliampères carrés de surface, au moins.

Il est possible, je crois, d'expliquer cette anomalie de la façon suivante : Si nous prenons chaque centimètre carré isolément, nous pouvons admettre que les nerfs sensibles de la peau sont excités, non seulement au point de contact de l'électrode, mais aussi dans une zone périphérique d'une certaine étendue; si sur cette zone déjà légèrement excitée on vient appliquer une intensité électrique égale à la voisine, on voit que les deux effets s'ajoutent. De là la nécessité d'augmenter beaucoup plus, en proportion égale, la surface des électrodes quand l'intensité du courant croît.

Boudet de Pâris a fait sur un certain nombre de sujets, parmi lesquels je fus, ainsi que lui, des recherches expérimentales qui lui ont permis de tracer la courbe de la surface d'électricité nécessaire pour une intensité donnée. Ces tableaux peuvent servir dans certains cas, mais ils ont le défaut de ne représenter évidemment que des moyennes, et pour peu qu'on ait l'habitude de l'électrisation, on se rend bien vite compte qu'au point de vue de la densité électrique supportable, il existe des différences considérables selon les sujets.

Polarisation des tissus. — Enfin, la question de résistance et de densité étant vidées, il me reste à vous parler d'un phénomène qui accompagne toute application galvanique comme l'ombre suit le corps : je veux parler de la *polarisation des tissus.*

Vous savez que toutes les fois qu'un courant galvanique traverse un électrolyte, c'est-à-dire une substance décomposable, les éléments constitutifs de cette substance sont dissociés ; les uns tendent à s'accumuler au pôle négatif, les autres au pôle positif. On avait pensé autrefois que la présence de l'eau était indispensable pour la production des phénomènes électrolytiques, et les corps à dissocier étaient constamment dissous dans ce véhicule, mais on a pu vérifier directement que l'électrolyse se produit dans le cas du sel amené à l'état liquide par la fusion ignée.

Les tissus vivants représentent tout un ensemble de substances éminemment électrolysables. Mon ami Gautier vous en a donné ici, il y a huit jours, la preuve expérimentale en faisant attaquer devant vous une tige de cuivre par l'acide chlorique CLO^3 provenant du suc musculaire décomposé. Toutes les substances dissoutes dans les liquides animaux subissent une décomposition analogue, et il est inutile que je m'étende sur ce sujet bien connu.

Mais les électrodes une fois séparées des tissus, le courant étant interrompu, que deviennent ces produits accumulés aux deux pôles ou en voie d'acheminement vers ces pôles ?

En réfléchissant quelque peu, il est facile de s'apercevoir que toutes les conditions d'une pile secondaire se trouvent réalisées. Nous nous trouvons en présence d'un véritable accumulateur. Au travers des tissus, la force qui dissociait les molécules venant à disparaître, ces molécules se recombinent en dégageant nécessairement, fatalement, un courant chimique de sens inverse au courant primaire.

Il est véritablement surprenant que M. Danion ait persisté et persiste encore à prétendre que les phénomènes de polarisation n'existent pas.

J'ai pu, dans deux communications faites à l'Académie de Médecine, en 1887 et 1888, rendre pour ainsi dire tangibles les courants de polarisation.

Le premier travail a été fait en collaboration avec le Dr Onimus.

Nous avons pu prendre sur une grenouille les tracés de secousses fournies par la pile secondaire créée dans l'organisme par le passage d'un courant galvanique de cinq minutes de durée et de 10 milliampères d'intensité.

Voici ces tracés, qui ne laissent aucun doute sur la réalité des courants de polarisation.

Dans ma seconde communication, j'ai pu calculer très exactement la force électro-motrice ainsi formée. Cette force électro-motrice dépend évidemment de l'intensité et de la durée du courant primaire, mais il n'est pas difficile de le faire monter à 1/2 ou 1 volt.

Toutes ces expériences ont été faites sur moi-même, avec des intensités médicales, celles que nous employons journellement, c'est-à-dire de 10 à 20 milliampères. Les électrodes mises en contact avec les tissus étaient soit impolarisables, soit des tampons ordinaires, mais neufs, et toutes nos expériences ont été contrôlées avec le plus grand soin.

La réalité des courants secondaires, prouvée par le raisonnement, démontrée par l'expérimentation, est donc indéniable; il est presque superflu d'ajouter qu'il est probable que l'intervention des courants secondaires après toute application galvanique, n'est pas indifférente aux effets thérapeutiques, ni aux phénomènes physiologiques observés. A ce point de vue, peu de recherches ont été faites et c'est encore un *desiderata* de l'électrophysiologie.

En résumé, tout courant galvanique appliqué sur des tissus vivants varie de valeur suivant le tissu en expérience et suivant sa densité, et entraîne la formation d'une force contre-électro-motrice de polarisation. Tels sont les phénomènes physiques dont nous avons à nous préoccuper dans les applications thérapeutiques ou expérimentales des courants, applications qui nécessitent une précision absolue pour présenter quelque intérêt et quelque garantie. Voyons maintenant quels phénomènes détermine dans les tissus vivants la galvanisation.

Ces phénomènes, variant selon le sens du courant, il nous faut définir certains termes que nous rencontrons constamment dans le cours de cette étude.

On appelle *courant descendant*, celui qui

s'écoule dans le même sens que l'influx nerveux des nerfs moteurs, c'est-à-dire qui va de la moelle à la périphérie. La chute de potentiel s'établissait dans le circuit extérieur du positif au négatif; le courant sera donc *descendant* toutes les fois que le pôle positif sera le plus rapproché des centres nerveux.

Le courant *ascendant* est exactement la contre-partie; le réophore négatif est le plus rapproché des centres nerveux et le courant s'écoule dans le sens de l'influx nerveux sensitif.

On nomme *fermeture du courant*, l'instant où le circuit s'établit et où commence la chute de potentiel.

On appelle *ouverture du courant*, l'instant où le circuit est rompu et où cesse l'action galvanique.

Il faut savoir, en outre, que les Allemands nomment *anode* le pôle positif; *kathode*, le pôle négatif. Ces termes ont été adoptés par plusieurs auteurs français, sans autre raison plausible que l'amour de l'exotisme.

Ces différents termes expliqués, nous pouvons dès maintenant aborder l'étude de l'électrophysiologie du courant constant, et cette étude perdrait à être scindée. Nous remettrons donc, si vous le voulez bien, à une prochaine conférence *l'étude de l'action physiologique du courant galvanique constant ou interrompu sur les nerfs, les muscles et les centres nerveux.*

IV

ACTION DES COURANTS SUR LES TISSUS VIVANTS

MESSIEURS,

Le professeur W. Erb, en commençant sa cinquième leçon sur les actions physiologiques des courants, débute par la phrase suivante : « Si la connaissance exacte des effets physiologiques d'un médicament quelconque est incontestablement une des conditions préparatoires les plus nécessaires pour son véritable emploi, nous nous trouvons, en fait d'électricité, dans des conditions exceptionnellement favorables ». Je voudrais pouvoir partager et vous faire partager une opinion aussi encourageante, mais je crains bien que les conclusions que vous tirerez de l'exposé que je vais vous présenter, aussi succinctement que possible, de l'état de nos connaissances sur la physiologie des courants, ne s'accordent guère avec les appréciations du professeur de Leipzig.

Voyons tout d'abord les faits tels qu'on les constate actuellement avec nos moyens d'investigations plus délicats et plus précis que ceux dont se sont servis nos devanciers.

Effets chimiques. — On sait qu'un courant qui traverse une solution saline la décompose. A l'électrode positive, il y a dégagement d'acides; à l'électrode négative, de métaux ou, secondairement, de produits basiques. Cette décomposition détermine tout d'abord la naissance d'une force contre-électro-motrice de polarisation. Les tissus vivants étant imprégnés de nombreuses substances en dissolution reproduisent, sous l'influence du courant, ce phénomène physique; c'est ce qu'on a appelé, comme nous l'avons vu dans la précédente conférence, la polarisation de tissus organiques; nous n'y reviendrons pas aujourd'hui. Mais, à côté de ce courant contre-électro-moteur, viennent se placer des phénomènes spéciaux aux tissus organisés et qui dérivent également de l'*électrolyse*.

Il faut à ce point de vue considérer les effets *polaires* et les effets *interpolaires*.

Les premiers correspondent à l'accumulation aux pôles des acides, d'une part, de bases, d'autre part. Si l'intensité du courant est basse, sa densité faible, tout se borne à une sensation de douleur, de brûlure et à la rougeur consécutive des téguments aux points d'application des électrodes. Si, au contraire, l'intensité est suffisamment élevée ou la densité assez forte, les acides donnent naissance à une eschare dure et sèche; les bases à une eschare molle et humide. Ces faits, vous le savez, reçoivent de nombreuses applications en chirurgie et en gynécologie.

Passons maintenant aux *effets interpolaires*. Nous verrons tout à l'heure quand nous nous occuperons des modifications que le courant de pile apporte dans la contractilité musculaire, qu'un muscle de grenouille soumis à un courant constant, même faible, voit son excitabilité baisser dans une mesure appréciable. Cette diminution de l'excitabilité n'est pas due à la fatigue. Si, en effet, on laisse le muscle se reposer, même plusieurs jours, et qu'on reprenne l'expérience, on constate que l'énergie de la contraction continue à présenter un affaissement. Il suffit, au contraire, de faire traverser le même muscle pendant quelques minutes par un courant de sens inverse au premier pour qu'il recouvre l'intégrité de son fonctionnement. Parmi les explications qui ont été données de ce phénomène singulier, la plus plausible semble être celle qui fait intervenir une *modification chimique interpolaire* des tissus. Le microscope permet de vérifier cette hypothèse. Si l'on soumet une grenouille à deux ou trois séances de courant constant et qu'on la sacrifie un mois après, on trouve dans les préparations microscopiques les muscles complètement altérés. M. Weiss a pu constater dans des expériences récentes qu'une seule séance de cinq minutes avec un courant de 1 ou 2 milliampères suffit pour que l'altération soit visible au microscope plusieurs jours après.

Il ne faudrait pas en conclure que les mêmes effets se produisent chez l'homme dans nos applications médicales. Notez, en effet, qu'il y a lieu de tenir compte, non seulement de l'intensité employée qui, proportionnellement à la masse du corps d'une grenouille, est considérable, mais aussi de la densité du courant et de la section du conducteur, conditions très différentes dans les deux cas. Ce ne serait donc qu'au moyen de courant à intensité très élevée que ces effets chimiques interpolaires pourraient se produire. A ce propos, la question se pose de savoir si les résultats qu'obtient Apostoli dans la cure des fibrômes ne sont pas dus en partie tout au moins à cette action *chimique interpolaire*, que ce gynécologue distingué a constatée, sans en préciser le mécanisme.

Effets mécaniques de transport. De nombreuses expériences de Becquerel, de Porret, etc., ont mis en évidence ce fait : que certaines substances diluées dans un liquide conducteur en fines particules étaient transportées d'un pôle à l'autre, en sens inverse, de la propagation du courant ou dans le même sens suivant les substances employées. Il suffit de courants très faibles pour obtenir ces phénomènes de transport. M. Weiss, professeur agrégé à la Faculté, a pris un tube en U de 15 centimètres de haut environ, rempli de gélatine solidifiée et plongeant dans une solution d'éosine; sous l'influence d'un courant de 1/10,000e d'ampère environ, en moins d'une semaine la branche négative est entièrement colorée, tandis que dans la branche positive l'éosine monte à peine à 1 centimètre. On sait, d'autre part, nous l'avons vu dans une précédente conférence, que les phénomènes d'osmose et d'exosmose sont notablement accélérés par l'intervention d'un courant. Il est donc permis de penser que, d'une part, les échanges qui ont lieu dans l'intimité des tissus sont activés et que, d'autre part, de fines particules organiques, et on connaît la petitesse des éléments anatomiques, peuvent être entraînés mécaniquement par l'intervention d'un courant constant, ce qui expliquerait en partie l'action favorable du courant continu sur les œdèmes et les épanchements.

Effets électrotoniques. — Quand on veut constater les effets électrotoniques des courants, c'est-à-dire les modifications que l'électrisation imprime à l'excitabilité neuromusculaire, il importe, tout d'abord, de se prémunir contre les causes d'erreur. On opère généralement sur des grenouilles curarisées quand il s'agit d'étudier les muscles seulement, et préparées à la façon de Ritter ou de Marianini.

Ritter coupait la grenouille en deux, enlevant les intestins et tout ce qui se trouve audessus des cuisses, ne laissant qu'un tronçon de la colonne vertébrale auquel attenaient les nerfs lombaires. Ce tronçon de colonne vertébrale était lui-même divisé en deux dans le sens de sa hauteur.

Le procédé de Marianini ne diffère du précédent qu'en un point. La colonne vertébrale n'est plus divisée longitudinalement; c'est une section entre les deux cuisses qui sépare les deux tronçons.

Une grenouille ainsi préparée porte le nom de grenouille galvanoscopique. C'est en effet un galvanoscope très sensible.

Il importe, d'autre part, d'éviter autant que possible la polarisation des électrodes. Pour cela, le meilleur procédé consiste à utiliser les électrodes impolarisables de d'Arsonval et l'eau salée à 7 pour 1,000. Ces électrodes ont toutes deux la même surface — c'est la méthode bi-polaire; ou deux surfaces très différentes, l'une très grande par rapport à l'autre — c'est la méthode uni-polaire. Dans ce cas, la grande électrode, dite indifférente, est placée sur un point quelconque, la petite électrode reposant seule sur le muscle ou le nerf à examiner.

Bien d'autres détails doivent aussi préoccuper l'expérimentateur, par exemple les dérivations de courants que Erb a nommé des électrodes *virtuelles*. Ce sont des points secondaires qui dépassent le cadre de ce rapide travail d'ensemble et à propos desquels on consultera, en temps utile, les récents travaux sur l'électro-physiologie, et en particulier ceux de M. Marey, de M. d'Arsonval et la *Technique d'électro-physiologie*, de M. Weiss.

Prenons maintenant une grenouille; fixons au myographe son gastrocnémien par un fil attaché à son tendon, et faisons parcourir le muscle par un courant. Pendant le temps que ce courant passe, on constate que le muscle a subi une diminution de longueur, un raccourcissement permanent. C'est ce qu'on a appelé la contraction galvanotonique. Quand l'action du courant cesse, le muscle revient à sa longueur préalable, mais en passant graduellement par différentes phases intermédiaires. Maintenant, au lieu d'agir sur le muscle, faisons traverser le nerf par le courant. Si on prend soin d'amener lentement le courant à son maximum et de le faire cesser aussi progressivement, on n'observe aucune contraction musculaire permanente.

Ces effets sont d'ailleurs semblables, quel que soit le sens du courant. Il semble cependant que le courant ascendant les rende un peu plus perceptibles.

Électrotonus. — Le passage au travers d'un nerf d'un courant continu ne semble donc pas déterminer d'effet appréciable. Ce serait s'abuser que de conclure ainsi. Une analyse plus délicate révèle au contraire que le nerf a subi des *modifications dans son excitabilité.* Au niveau de l'électrode négative, l'excitabilité est augmentée; elle est, inversement, diminuée à l'électrode positive; il y a une région neutre entre les deux pôles. Les auteurs allemands ont exprimé cela en disant qu'il y avait *anélectrotonus* au positif et *katélectrotonus* au négatif.

Pour constater ces faits, il est évident qu'il faut, autant que possible, que l'agent excitant garde rigoureusement la même valeur. La décharge du condensateur remplit bien ce but. Tous les autres modes d'excitation mécaniques, thermiques, courants induits, employés autrefois, présentant des variations considérables d'une minute à l'autre, manquent de la précision désirable.

Ces expériences, qui donnent des résultats très nets, ont été répétées sur l'homme sain par de nombreux auteurs, en particulier par Erb, Eulenburg et de Cyon. Ce dernier semble avoir vérifié la concordance des résultats expérimentaux chez l'animal et chez l'homme, mais Eulenburg et Erb ont trouvé de telles contradictions que cette question ne peut pas être encore considérée comme résolue.

Chocs de fermeture et d'ouverture de courants. — La méthode qui est préférable pour étudier les contractions musculaires qui, on le sait, se montrent à la fermeture et à l'ouverture des courants, est la méthode uni-polaire. C'est grâce à elle que le professeur Erb est arrivé à une connaissance assez exacte du sujet en question et qu'il est parvenu à trouver la *réaction de dégénérescence*.

On a reconnu depuis longtemps, depuis les expériences de Galvani, de Volta, de Humboldt, etc., que toute fluctuation brusque d'intensité, toute chûte de potentiel appréciable provoque l'excitation des nerfs moteurs et, par suite, une contraction musculaire, laquelle varie avec un courant d'intensité pareille, suivant sa direction ascendante ou descendante, suivant surtout que le réophore actif est positif ou négatif.

Pflüger a condensé ces notions en une formule qui porte son nom : « loi de secousses de Pflüger », et qui peut ainsi se résumer :

1° Pour les courants *faibles*, il ne se manifeste dans les deux directions du courant rien qu'une secousse de fermeture, pas de secousse d'ouverture; la secousse de fermeture est un peu plus grande quand le courant est *ascendant*.

2° Pour les courants de *force moyenne*, il se manifeste des secousses d'ouverture et des secousses de fermeture; mais ces dernières sont toujours plus fortes que les secousses d'*ouverture*.

3° Enfin, dans les courants très forts et tels qu'on ne peut pas les appliquer à l'homme en électrothérapie, il ne se manifeste, dans le courant *ascendant*, qu'une secousse d'*ouverture;* si le courant est *descendant*, au contraire, il ne se manifeste qu'une secousse de *fermeture*.

Erb, en analysant ces phénomènes, a été conduit à cette conclusion que la secousse de *fermeture* est la conséquence exclusive de l'effet du *pôle négatif*, tandis que la secousse d'*ouverture* est l'effet du *pôle positif*.

Les résultats obtenus par Nobili, Pflüger, Erb, Heidenhain, etc., ont été résumés sous forme de tableaux dans lesquels sont employés des lettres et des signes conventionnels qu'il est bon de connaître et dont voici l'exposé :

Ka = Cathode ou négatif.
An = Anode ou positif.
S ou F = Fermeture.
O = Ouverture.
Z ou S = Secousse.
T E = Secousse tétanique.

Ka F S par exemple, signifie secousse de fermeture, etc. Mais, dans tous les documents qui nous ont été transmis par les auteurs précités, il manque une notion de la plus haute importance, celle de l'intensité. Erb indique bien une déviation galvanoscopique, mais sans mesure précise, et les termes de *courant fort* ou *courant faible* sont trop élastiques pour permettre à l'expérimentateur qui voudrait vérifier les expériences de se placer dans des conditions identiques.

Chauveau, qui a étudié avec soin les résultats de l'excitation par la méthode unipolaire, a présenté ses résultats sous la forme de courbes, ce qui est de tous points préférable.

Pour les courants de fermeture, d'après M. Chauveau, l'excitation positive croît toujours avec l'intensité du courant. L'excitation négative croît d'abord, puis reste stationnaire : elle peut même décroître. Il arrive donc, à un moment donné, que l'excitation négative et l'excitation positive peuvent être égales. — Pour les courants de rupture, les résultats sont inverses.

Si, maintenant, nous recherchons non plus sur le nerf mais sur le muscle quelle est l'influence des chocs galvaniques, nous trouvons que l'excitation de fermeture naît, là encore, au pôle négatif; l'excitation d'ouverture au pôle positif. Le muscle se comporte donc de même façon que le nerf.

Pour étudier ces résultats, il faut que la *durée* de l'excitation, c'est-à-dire du passage du courant, ait une certaine valeur. Il se produit en effet, entre le moment où se produit la cause de la contraction et la contraction elle-même, un intervalle qui a été, de la part d'Helmholtz, l'objet de savantes recherches. Cet intervalle a été appelé le *temps perdu.* D'après Helmholtz et Kœnig, lorsque la durée de l'excitation devient inférieure à 0,0015 de seconde, le muscle ne répond plus. M. d'Arsonval a vérifié ce fait au moyen de courants alternatifs à grande fréquence. Quand le nombre des alternances dépasse deux cent mille par minute, non seulement le muscle ne se contracte plus, mais même le courant n'est plus perçu.

Tel est le résumé succinct de ce que l'on sait actuellement sur les contractions musculaires produites par les courants. Reste à expliquer ces phénomènes. Je crois qu'il est sage, pour le moment, de s'en tenir à la constatation des faits. Aucune des théories mises en avant et soutenues à grand renfort de volumes et de dialectique n'est satisfaisante. En particulier la théorie de l'électrotonus, édifiée par Dubois-Reymond, ne mérite plus qu'un intérêt historique, quoique, actuellement encore, elle soit officiellement enseignée en Allemagne.

Une question plus pratique, parce qu'elle peut être vérifiée expérimentalement, est celle de savoir quel est dans les excitations par courant continu le facteur principal qui agit, si c'est I l'intensité ou E la force électro-motrice, le potentiel.

M. d'Arsonval, à la suite de nombreuses expériences et aidé d'un dispositif très ingénieux qui dissocie I et E, a pu se convaincre que c'était la valeur E, c'est-à-dire la différence de potentiel, qui était l'agent principal de la contraction musculaire.

Cette opinion, qui me paraît cependant solidement assise, est contestée par divers auteurs et, en particulier, par MM. Gariel et Weiss.

Les expériences sur lesquelles reposent ces divergences d'opinions sont trop délicates et trop complexes pour trouver ici leur place. Mais je tenais à les indiquer pour vous mettre au courant des efforts les plus récents de nos physiologistes qui, au lieu de s'attarder, comme les savants allemands, en de vaines discussions théoriques, demandent aux faits et rien qu'aux faits les réponses aux questions qui leur sont posées.

Effets des courants constants sur les nerfs sensibles. — Jusqu'à présent nous nous sommes exclusivement occupés des effets des courants constants ou interrompus sur les muscles et les nerfs moteurs. Le système nerveux sensitif reste-t-il donc en dehors de l'impression électrique? Nullement. Chacun sait que le courant constant appliqué sur la peau détermine une sensation spéciale, mélange de brûlure et de chaleur; sensation due, nous l'avons vu, à l'action chimique, au transport au positif des acides, au négatif des bases. Je ne m'étendrai pas sur ces faits bien connus; mais je tiens à dire quelques mots d'une question encore discutée : celle de savoir si le facteur I intervient seul pour déterminer l'action chimique et conséquemment la douleur.

M. d'Arsonval prétend que le potentiel est loin d'être indifférent et que la douleur est accrue non seulement par l'accroissement de l'intensité, mais encore par l'augmentation de la force électro-motrice, l'intensité restant la même. Cette opinion s'appuie sur les constatations de M. Tripier, qui aurait vu bien des fois que l'intercalation d'un rhéostat dans un circuit pour en régler le débit, est loin de correspondre, au point de vue de la sensation produite, à l'emploi d'un collecteur. Du reste, presque tous ceux qui pratiquent l'électrothérapie ont un avis semblable. Pour ma part, et bien avant que cette question entre en discussion, par conséquent sans idée préconçue, j'ai observé, en faisant de l'acupuncture pour tumeurs érectiles que la douleur est bien plus vive quand l'intensité cherchée est obtenue au moyen d'un grand nombre d'éléments avec intercalation d'une résistance. Empiriquement, j'avais cherché à atténuer cette douleur en employant des éléments à grande surface et à faible résistance intérieure et en diminuant la résistance des tissus par le rapprochement des deux pôles.

A cela, notre éminent maître, M. le professeur Gariel, et MM. Weiss et Bergonié, répondent que nous avons dû être les jouets d'une illusion, que I seul importe, qu'en appliquant la formule de Ohm $\frac{E}{R} = I$, pourvu que I reste le même, on peut varier à volonté E et R, ce qui, au point de vue mathématique, est évidemment exact. Pour corroborer cette opinion, M. Weiss a plongé ses deux mains dans deux cuvettes remplies d'eau servant d'électrodes. Un aide, placé dans une pièce voisine, manœuvrait la batterie, et qu'on se servit du rhéostat ou du collecteur, M. Weiss a pu, sans être prévenu, reconnaître une même intensité sous un voltage différent.

Évidemment, ces objections sont sérieuses, et, si l'expérience de M. Weiss était confirmée, elle serait concluante. Mais j'hésite à croire que les praticiens se soient trompés totalement. Il est possible que l'expérience de M. Weiss soit vraie dans ce cas tout à fait spécial des deux mains dans l'eau, et qu'elle ne se vérifie pas dans d'autres conditions expérimentales. Il est peut-être aussi possible d'expliquer, au moins en partie, pourquoi E pourrait intervenir pour provoquer l'excitation des nerfs sensibles. La douleur, nous l'avons vu, est provoquée par l'action chimique. Or, on sait que tous les corps ne sont pas dissociés avec la même facilité. Ils ont ce qu'on appelle des forces contre-électro-motrices différentes. Tel corps, un sel de cuivre, par exemple, sera dissocié à un demi-volt; tel autre à deux ou trois. Or, ne peut-il se faire que, dans notre corps, d'une composition si complexe, il existe des substances, des composés alcaloïdiques, par exemple, qui aient besoin, pour se dissocier, d'un plus haut voltage. Quand ce potentiel est atteint, la substance en question est électrolysée et ses éléments de décomposition viennent s'ajouter à ceux qui sont le fait des corps à plus faible force contre-électro-motrice. Je donne l'explication pour ce qu'elle vaut. Ce n'est qu'une hypothèse qu'on peut détruire peut-être facilement. En tout cas, la question reste en suspens.

Vous dirai-je maintenant quelques mots sur les effets des courants de pile sur les nerfs des sens? Vous savez tous que l'excitation du nerf optique produit des phosphènes, des vertiges. Le nerf auditif est plus difficile à émouvoir.

Néanmoins, les expérimentateurs ont signalé des bourdonnements. Le nerf olfactif a pu très rarement entrer en action. Les quelques savants (Althaus en particulier), qui ont perçu des odeurs, n'ont pas trouvé la confirmation bien nette de leurs expériences. Enfin, les nerfs du goût sont très facilement excités par le passage du courant qui détermine le goût salin particulier que tout observateur peut constater avec une intensité de 3 à 5 milliampères. Tout ceci se résume à dire que le courant produit d'excitation du système nerveux, aussi bien moteur que sensitif, et que les nerfs de sensibilité spéciale réagissent à leur façon, c'est-à-dire en produisant une sensation lumineuse, auditive ou gustative.

Courants à période variable : faradiques, alternatifs, sinusoïdaux. Il importe tout d'abord que nous définissions ces différents termes peu usités en électrothérapie, à l'exception toutefois du terme faradique, qui est connu de tout le monde. Je suis obligé, néanmoins, de le définir lui-même pour bien montrer la différence qu'il présente avec les autres courants alternatifs.

Le courant faradique, du nom de l'illustre

physicien Faraday, est celui qui est engendré par l'action d'une bobine *inductrice* sur une seconde bobine dite *induite*. Le type de tous ces appareils est la bobine bien connue de Rhumkorff. Dans l'inducteur circule un courant fourni par des éléments de pile et interrompu à intervalles rythmés par un trembleur. La loi qui dit que tout courant qui commence ou qui finit engendre dans un circuit fermé voisin (bobine induite) un courant secondaire trouve ici son application. Le courant produit par la bobine induite a pour caractère : 1° d'être de très courte durée; la période d'état variable pendant laquelle le courant inducteur produit le phénomène de l'induction est, en effet, excessivement courte; 2° d'être composé, pour une révolution du trembleur, de deux courants de sens contraire et d'inégale valeur : l'un des deux, le courant de fermeture, étant affaibli par l'extra-courant de fermeture. Ces phénomènes sont bien connus, je me contente de les mentionner ici brièvement.

Le courant alternatif diffère du courant faradique en ce que : 1° sa durée est beaucoup plus longue; 2° les deux courants sont d'égale valeur.

Le courant alternatif, en effet, produit par des machines Gramme ou ses dérivés, est engendré par le rapprochement ou l'éloignement d'une bobine induite d'un inducteur fixe : aimant ou bobine inductrice. Durant tout le temps pendant lequel les bobines se rapprochent, il y a courant inverse, et également courant direct pendant leur éloignement : il n'y a donc pas le temps perdu qu'on trouve dans la bobine de Rhumkorff, temps perdu dû au trembleur qui, pendant sa période oscillatoire dans l'espace, et par conséquent durant laquelle aucun courant ne passe dans l'inducteur, n'engendre aucun courant secondaire dans l'induit. De plus, il n'y a pas d'extra-courant dans l'inducteur, ce qui comporte l'égalité des deux courants dans l'induit. Enfin le courant sinusoïdal ne diffère du courant alternatif qu'en ce que la période d'augment et de décroissement est parfaitement régulière. Il est obtenu par un aimant circulaire dans lequel se meut une bobine. Le tracé graphique d'un courant faradique présente une série d'arcs de cercle très courts : l'un, au-dessus, plus petit, l'autre, au-dessous, plus étendu, d'une ligne axiale qui correspond au 0. Le graphique du courant alternatif est représenté par un arc de cercle au-dessus et au-dessous de la ligne axiale qu'il rejoint par une ligne de chute inclinée brusquement; le graphique du courant sinusoïdal par une ligne ondulée régulièrement au-dessus et au-dessous de la ligne axiale. En somme, le courant sinusoïdal croît et décroît avec une régularité parfaite, le courant alternatif décroît par une chute brusque, le courant faradique acquiert presque instantanément son maximum et le perd de même.

Ces différences physiques doivent nécessairement entraîner des différences au point de vue de l'action physiologique, mais cette étude est à faire en grande partie. Le courant sinusoïdal n'est entré dans les laboratoires de physiologique que depuis peu, grâce aux travaux de M. d'Arsonval et à l'exception des recherches que nous avons entreprises, le Dr Gautier et moi, sur son action thérapeutique, je ne sache pas qu'il soit nulle part ailleurs employé médicalement.

Voyons donc quelle est l'action du courant faradique, la seule qui soit assez bien connue.

Action du courant faradique sur le muscle. — Chacun sait que les réophores d'une bobine induite étant appliqués sur un muscle strié, il y a contraction. Si les chocs d'induction sont suffisamment espacés, c'est-à-dire si l'interrupteur oscille lentement, le muscle entre chacun d'eux se détend et revient au repos. Si, au contraire, les chocs sont rapides, il se produit un tétanos, le muscle, entre chaque intervalle, n'ayant pas le temps de rentrer au repos.

Il se produit donc là un phénomène analogue à celui qui accompagne les chocs galvaniques. Mais si on vient à séparer le muscle des centres nerveux par la section des nerfs qui l'innervent, au bout de quelques heures une excitation faradique, aussi puissante soit-elle, reste sans réponse, tandis que, comme nous l'avons vu, le muscle séparé de ses centres d'innervation réagit encore pendant longtemps sous l'influence du choc galvanique. On a cherché la raison de cette différence. M. Neumann a montré qu'il ne s'agissait là que d'une question de *temps*. Pour arriver à cette démonstration il est parvenu, par un artifice instrumental, à donner des chocs galvaniques de durée excessivement courte. Dans ces conditions, le muscle séparé des centres nerveux ne réagit pas davantage. En médecine, nous constatons souvent cette immobilité des muscles par le courant faradique. La paralysie faciale *à frigore* nous donne un exemple frappant de la différence d'action des deux courants : tandis que la contractilité faradique est abolie, la contractilité galvanique, au contraire, persiste et est même souvent accrue. Dans un grand nombre de paralysies traumatiques, il en est de même. La contraction faradique demande donc, pour se produire, l'intégrité de l'arc réflexe : nerf sensitif, moelle et nerf moteur.

Pour qu'un muscle séparé des centres nerveux se contracte encore, il faut donc qu'il soit traversé par un courant d'une durée appréciable. La durée du choc faradique est insuffisante pour le mettre en action.

Sur les fibres *lisses*, le courant faradique produit, au bout de quelques secondes, des alternatives de contraction et de relâchement. Si le courant est trop intense ou continué pendant longtemps, le muscle s'épuise et le relâchement devient permanent. On peut, et cela se vérifie en pratique, modifier dans une certaine mesure les phénomènes circulatoires au moyen du courant faradique; il est facile au moyen d'un pinceau appliqué sur la peau, de voir la pâleur des téguments se produire et bientôt faire place à une rougeur indiquant la suractivité circulatoire. C'est en vertu de ces effets physiologiques que la faradisation des régions enflammées, en particulier des articulations, a donné de si beaux résultats à Duchenne, de Boulogne, et en donne encore tous les jours. C'est un décongestionnant énergique.

La *sensibilité générale* est vivement impressionnée par la faradisation, surtout quand le courant a une grande tension (fil fin). Outre la sensation profonde de crampe que donne la contraction musculaire, il se produit une sensation de picotement, de pincement sur la peau très caractéristique. On possède donc là un moyen de révulsion énergique qui peut être utilisé dans certains cas, car c'est là un révulsif à action immédiate, contrairement à l'application des sinapismes, à l'urtication, etc., qui demandent un certain temps avant d'agir.

Les courants alternatifs et les courants sinusoïdaux appliqués sur un muscle strié, le mettent en contraction comme le fait le courant faradique; il est à noter, toutefois, que cette contraction est moins douloureuse et que la *quantité* d'électricité qui traverse les tissus peut être de près du double sans être plus douloureuse. Ils présentent donc, au moins théoriquement, au point de vue du traitement des atrophies, un avantage considérable sur le courant faradique : le résultat se vérifie en pratique. Je me propose, pour ma part, de publier prochainement les observations d'atrophies guéries avec une rapidité bien plus grande au moyen du courant alternatif.

En disant que le muscle strié se contracte sous l'influence des courants alternatifs, j'ai voulu parler des courants dont les alternances ne dépassent pas cent cinquante ou deux cent mille par minute. Quand ce chiffre est dépassé (expériences de Tesla, de d'Arsonval) l'énergie de la contraction diminue et même devient tout à fait nulle aux environs de cinq cent mille alternances. Alors, quelle que soit l'intensité du courant, quelle que soit sa tension qui est énorme, on peut prendre impunément entre les mains les deux réophores sans rien ressentir. A ce moment, le courant possède néanmoins une grande énergie, puisqu'il est capable, *au travers du corps,* de porter au rouge le filament de charbon d'une lampe à incandescence. Mais si l'impression semble nulle, les vaso-moteurs n'en sont pas moins vivement excités, comme en témoigne la sueur qui ne tarde pas à perler en abondance sous les réophores. Ces courants à alternances extra rapides ne sont pas encore étudiés au point de vue médical. Il est probable qu'ils présentent une haute importance et un moyen puissant d'impressionner le système nerveux.

Les courants alternatifs n'agissent pas seulement sur la fibre musculaire, ils agissent aussi d'une façon toute spéciale sur la nutrition, soit directement en agissant sur le cellule, soit par l'intermédiaire du grand sympathique. M. d'Arsonval a démontré qu'un individu soumis à des courants alternatifs assez faibles pour être à peine perçus, pour ne provoquer aucune action sur le système musculaire, voit cependant ses échanges augmenter de 40 à 50 % et sa capacité respiratoire doubler. Ces études si intéressantes ne sont qu'à peine ébauchées, mais les résultats acquis sont si encourageants, que ces nouveaux venus dans l'électrothérapie menacent de prendre une bien large part et de détrôner en quelque sorte, dans un grand nombre de cas, les autres modalités électriques.

Je suis obligé, messieurs, d'arrêter là cette conférence déjà bien longue et que j'ai été forcé de résumer brièvement. J'espère néanmoins vous avoir fait entrevoir que la physiologie des courants, qui semblait à peu près établie, reste aux trois quarts à faire. Ce sera l'œuvre, je l'espère, d'un très prochain avenir.

V

ÉLECTRO-DIAGNOSTIC

MESSIEURS,

Nous avons vu, dans nos dernières conférences, comment les tissus sains se comportent, réagissent sous l'influence des courants; la maladie trouble-t-elle ces réactions normales, et est-il possible, dans les cas où on constate des modifications dans ces réactions, d'en tirer des conséquences au point de vue du diagnostic?

Vous savez qu'à la première question il faut répondre par l'affirmative. Un grand nombre de maladies entraînent avec elles des modifications, passagères le plus souvent, durables parfois, dans la manière d'être des tissus vivants soumis aux diverses modalités électriques.

Considérons tout d'abord les troubles apportés dans la *conductibilité* des tissus par la maladie.

Ces troubles sont de deux ordres : ou bien la conductibilité est accrue ou bien elle est diminuée. C'est-à-dire que dans le premier cas on observera une déviation exagérée du galvanomètre pour un faible courant ; dans le second, au contraire, il faudra, pour que l'aiguille aimantée dévie, un potentiel plus élevé qu'à l'état normal.

On a noté une exagération de la conductibilité dans les fièvres, quelle que soit leur cause, surtout dans la fièvre intermittente, dans le stade de sueur, dans certaines affections cardiaques, dans la maladie de Basedow, dans la chloro-anémie ; une conductibilité amoindrie se montre dans l'hystérie, dans le cancer, dans la mélancolie.

Ces faits n'ont rien qui doive nous surprendre, et en réalité la conductibilité est exagérée toutes les fois que les tissus sont plus irrigués que normalement, toutes les fois, conséquemment, que le cœur fonctionne activement, comme dans les fièvres et les autres affections que nous venons de citer ; elle est diminuée, par contre, quand les tissus superficiels reçoivent une quantité de liquide sanguin inférieure à la normale, comme dans l'hystérie.

Les troubles de la conductibilité sont donc

un signe, au même titre que l'élévation ou l'abaissement de la température, la rapidité ou la lenteur du pouls. Mais c'est un signe sans valeur pratique : il est beaucoup plus simple et plus sûr de recourir au thermomètre qu'au galvanomètre pour constater un état fébrile.

Ainsi donc, sauf peut-être dans quelques cas très rares d'hystérie douteuse où la diminution de la conductibilité électrique a pu aider au diagnostic, les déductions que l'on peut tirer de ces phénomènes sont sinon nulles, du moins n'ont qu'un intérêt trop spécial et purement de laboratoire.

Il n'en est pas ainsi pour les renseignements que nous fournissent les chocs galvaniques ou faradiques qui, eux, donnent par l'analyse des réactions qu'ils entraînent, un bon élément de diagnostic et plus souvent encore de pronostic.

Je vais prendre un exemple typique.

Voici un malade qui se présente à nous avec la moitié du visage absolument flasque; le mouvement des lèvres, d'un côté, est aboli. Ce malade ne peut ni sourire, ni siffler; il mange avec difficulté et sa langue est obligée de ramener constamment dans sa bouche les aliments qui tendent à se loger sous le buccinateur paralysé. La mobilité des muscles des paupières est troublée, l'orbiculaire ne fonctionne pas, l'œil reste ouvert et pleurant.

Le diagnostic est facile : il s'agit là d'une paralysie faciale, probablement *à frigore*, puisque la paralysie de l'orbiculaire a été donnée comme un signe presque pathognomonique de paralysie périphérique. Mais, tout d'abord, il reste un doute sur la question de savoir si la paralysie est d'origine centrale ou périphérique. La paralysie de l'orbiculaire n'est pas, en effet, un signe d'une valeur absolue. On a vu des cas où la paralysie, quoique d'origine centrale, entraînait l'immobilité de l'orbiculaire. D'autre part, l'examen extérieur ne nous donne aucun renseignement sur la durée probable de l'affection ; le pronostic reste absolument obscur. Eh bien, rien n'est plus facile en deux minutes d'examen électrique que d'éclaircir ces deux points et de dire si la paralysie est centrale ou périphérique, si le malade doit ou pas guérir, et si la guérison doit se produire, à quelle époque environ.

Un grand nombre de troubles neuro-musculaires sont dans le même cas ; l'importance de l'examen électrique est donc considérable dans tout un groupe de maladies, et cet examen fait partie d'un diagnostic complet et précis au même titre et avec une valeur égale à ceux que donne l'auscultation dans le cas d'affection pulmonaire.

Nous allons maintenant entrer dans le détail des procédés d'exploration qui permettent au médecin d'établir si les réactions électro-musculaires sont normales ou troublées et jusqu'à quel point.

Exploration faradique. — La région à explorer étant mise à nu, ainsi que la région symétrique saine, s'il y en a une, l'électrode dite indifférente, sous forme d'une large plaque d'étain recouverte d'agaric et de peau de chamois, ayant comme dimension dix centimètres sur douze environ, est appliquée soit à la racine du membre à examiner, soit sur le thorax ou dans le dos, entre les deux épaules.

Cette plaque est reliée au pôle P de la bobine induite à gros fil.

L'autre électrode N est représentée par un tampon qui est appliqué sur le muscle malade au point d'élection. On sait que Duchenne, de Boulogne, a reconnu par la longue pratique d'une observation attentive que certains points très précis donnent une contraction plus énergique quand l'électrode est appliquée à leur niveau.

Il importe donc de connaître les principaux, qui sont donnés, du reste, dans la plupart des ouvrages d'électrothérapie auxquels je renvoie le lecteur.

Le médecin tient d'une main le tampon dont je viens de parler; quant à l'électrode indifférente, elle est maintenue en place par un lien quelconque, de façon à laisser libre une des mains de l'opérateur.

L'interrupteur est réglé pour donner deux ou trois interruptions par seconde. La bobine induite qui, comme point de départ, est tout à fait dégaînée, est alors poussée lentement sur l'inducteur. Il arrive un moment où une faible contraction musculaire se manifeste. On note à quel chiffre est parvenue à ce moment la bobine sur la réglette de bois graduée le long de laquelle elle glisse. Ceci fait, on transporte le tampon sur le point du côté sain exactement symétrique, en ayant soin, toujours, d'être sur le point d'élection. Par la simple lecture sur la réglette de bois, on sait si la contractilité faradique est affaiblie ou exagérée; il suffit pour cela qu'il existe une différence très nette entre l'intensité de la contraction pour un même potentiel d'un côté à l'autre.

Le cas où l'un des côtés est sain, l'autre malade, est le plus simple. Il se présente, dans les cas de paralysie localisée à un membre ou à une partie du corps. Parfois, au contraire, il n'y a pas de côté sain. L'affection a envahi la totalité du système musculaire, et il n'est plus possible de faire sur le même malade la comparaison des réactions normales avec les réactions déviées. Dans ce cas, le médecin qui a quelque expérience de l'examen électro-musculaire prend comme point de comparaison une moyenne qu'il a observée chez d'autres malades et qu'il est facile de connaître.

Ou bien, s'il est encore novice, il prend la contracture normale sur lui-même, c'est-à-dire qu'il applique sur lui, avant l'examen du malade, les électrodes pour noter à quel degré de la réglette se produit la contraction normale. Il ne faut pas oublier dans ce cas que d'un individu à l'autre, la résistance varie dans une certaine mesure et que, par conséquent, il peut y avoir de faibles différences dans la façon dont deux personnes réagissent, sans que pour cela leur système musculaire soit malade.

J'ai supposé tout à l'heure que l'opérateur

constatait une contraction musculaire. Il y a aussi des cas, et nombreux, où on ne trouve aucune manifestation contractile du muscle, qui reste tout à fait sourd aux courants induits à intermittences lentes. Dans ce cas, il faut changer de bobine, prendre la bobine à fil fin et augmenter progressivement le nombre des interruptions, de façon à arriver graduellement au potentiel maximum que peut supporter le malade sans souffrance, maximum qui est atteint avec la bobine à fil fin et un interrupteur vibrant rapidement.

Quand on opère de cette dernière façon, avec des oscillations rapides, il importe de ne pas laisser le tampon à demeure sur le point d'élection; la douleur deviendrait très vite insupportable et troublerait l'examen. Il faut, au contraire, appliquer le tampon pendant un temps très court, deux ou trois secondes, et le soulever à intervalles rythmés à mesure que l'induit entre dans l'inducteur.

Exploration galvanique. — Cette exploration est plus complexe et demande plus d'habitude et d'attention que l'exploration faradique; il y a lieu, en effet, d'apprécier, non plus seulement des différences dans l'énergie de la contraction, mais, en outre, des différences polaires, c'est-à-dire la manière dont le muscle se comporte vis-à-vis des deux pôles isolément.

La façon de placer les électrodes est la même que précédemment : électrode indifférente à large surface sur le thorax ou le dos; électrode active à surface relativement petite au point d'élection, de façon à obtenir sur cette dernière le maximum d'intensité, et, par conséquent, le maximum d'effort mécanique du courant.

Les électrodes étant en place, la manette du collecteur est poussée jusqu'à atteindre huit ou dix volts au minimum, et on laisse passer le courant pendant une minute environ.

Ce faible courant continu préalable allonge, il est vrai, l'examen; on peut même le négliger pour cette raison, dans le cas où on a affaire à des troubles intenses, grossiers, de la contractilité; mais dans les examens fins, délicats, il est indispensable; il permet à l'épiderme de s'imbiber, à la peau d'augmenter sa conductibilité et, en somme, au médecin de se rapprocher des conditions du laboratoire où on pratique l'examen du muscle ou du nerf dénudé.

C'est alors que l'électrode active étant négative, la manette du collecteur est progressivement et lentement poussée sur le cadran. A chaque nouvel élément qui entre dans le circuit, le doigt qui appuie sur le bouton de l'interrupteur produit une ou deux interruptions. Il arrive un moment où une contraction se manifeste. On prend note du nombre de volts et du nombre de milliampères qu'il a fallu pour amener ce résultat, et par l'examen du côté sain ou par la connaissance pratique des moyennes on détermine si la contraction est normale ou pas, et quelle est la différence, s'il y en a une, qui la sépare de la normale.

Le pôle négatif ayant été ainsi considéré, on renverse le courant, après, toutefois, avoir ramené à zéro la manette du collecteur, et c'est, cette fois, l'action du pôle positif qu'on détermine. Le manuel opératoire est le même que pour le pôle négatif : intensités progressivement croissantes jusqu'à production d'une contraction. Il y a cependant une limite à cette intensité : la douleur très vive qu'éprouve le patient. Avec une électrode aussi petite qu'un tampon, la douleur devient vraiment pénible vers 20 ou 25 milliampères. Du reste, il est à peu près inutile de monter plus haut ; on n'obtiendrait pas davantage et souvent, dans ce cas, ce qui est pris pour la contraction du muscle examiné n'est que la contraction en masse des muscles voisins.

Tel est le manuel opératoire. Voyons maintenant en présence de quelles réactions on peut se trouver.

Contractilité faradique. — La contractilité faradique est normale, exagérée, diminuée ou abolie. Elle n'est absolument normale que dans le cas d'intégrité absolue du système neuro-musculaire, mais elle *paraît* normale dans un certain nombre de maladies graves de ce système où de primo abord on pourrait s'attendre à de profondes modifications de cette contractilité. Je veux parler, surtout, des atrophies musculaires myopathiques ou miélopathiques, dites progressives.

Dans ces cas, le tissu musculaire a disparu en partie, le volume des muscles à l'œil est considérablement réduit et néanmoins la contractilité faradique persiste presque normale, tout au moins quand la maladie n'est pas trop avancée. Mais la question change de face si on va au fond des choses. Il suffit de laisser passer, durant cinq ou six minutes, le courant faradique sur les muscles pour voir peu à peu l'énergie de la contraction faiblir et parfois même aboutir à une impossibilité momentanée de contraction, même à courants intenses. La contractilité diffère donc de la normale en ce qu'elle est rapidement *épuisée.*

La contractilité faradique est aussi, dans certaines circonstances, exagérée. Le type de cette exagération est le tétanos qui donne une contractilité formidable pour le moindre courant. On peut dire que toutes les fois que la moelle est irritée sans que ses cellules soient encore désorganisées, la contractilité faradique est exagérée. C'est ainsi que la paralysie par hémorrhagie cérébrale, au début, quand la névrite descendante n'a pas encore accompli son œuvre, la paralysie spasmodique, le tabès tout au début, les contractures, etc., sont des exemples d'exagération de la contractilité faradique.

La contractilité faradique est, au contraire, diminuée quand l'innervation médullaire est affaiblie comme dans les hémorrhagies cérébrales anciennes, le tabès assez avancé, et tout le groupe nombreux des amyotrophies, à l'exception de celles dont j'ai parlé plus haut, des amyotrophies progressives. On trouve dans ce dernier cas l'échelle la plus variée de diminution de la contractilité, comme on trouve l'échelle la plus variée dans le degré de l'atrophie.

Il ne faudrait pas croire, cependant, que diminution de la contractilité et degré d'atrophie soient des termes absolument corrélatifs. Il arrive souvent, sans doute, qu'une atrophie intense s'accompagne d'un affaiblissement parallèle de la contractilité, mais on voit aussi des atrophies très marquées entraîner un affaiblissement peu notable, ce qui est, soit dit en passant, un excellent signe pronostique.

Les atrophies musculaires consécutives aux lésions articulaires et si remarquables par leur soudaineté et par leur gravité souvent peu en rapport avec la lésion locale, sont intéressantes à observer à ce point de vue. On peut, avec quelque habitude, pronostiquer à peu de chose près l'époque à laquelle le muscle reprendra ses fonctions dynamiques. Quant à l'intégrité de son volume, c'est une autre affaire : il faut souvent de longs mois pour observer *la restitutio ad integrum.*

La contractilité faradique est enfin abolie dans les cas où l'innervation centrale fait défaut au muscle. Un traumatisme qui coupe ou écrase un tronc nerveux abolit la contractilité faradique dans tout le département musculaire de ce nerf. Si la section ou l'écrasement sont incomplets, s'il reste quelques filets nerveux, c'est un simple affaiblissement qu'on constate. Il est donc possible, étant donné un membre traumatisé, de savoir, par l'examen électrique, jusqu'à quel point le système nerveux moteur est atteint et si on peut compter sur la disparition des phénomènes paralytiques.

En dehors du traumatisme, toutes les causes capables d'interrompre l'arc réflexe sont de nature à abolir la contractilité faradique. Citerai-je la paralysie infantile, certaines tumeurs médullaires, et aussi la paralysie faciale *à frigore*, maladie dans laquelle la conductibilité nerveuse est interrompue au niveau du passage du facial à travers le rocher. Les paralysies d'origine cérébrale n'entraînent, bien entendu, jamais l'abolition de la contractilité faradique, puisque, dans ce cas, l'arc réflexe existe encore.

Contractilité galvanique. — Comme la contractilité faradique, la contractilité galvanique peut être normale, exagérée, diminuée ou abolie. Les réactions galvaniques convergent souvent avec les réactions faradiques, mais elles divergent aussi parfois. Il est donc de toute nécessité, quand on parle de réactions musculaires, de spécifier s'il s'agit de courant faradique ou de courant galvanique. C'est pour avoir omis cette distinction primordiale que la partie qui traite de l'électro-diagnostic dans l'article « Électricité », du *Dictionnaire des Sciences médicales*, publié par M. Jaccoud, est totalement fausse. Je suis obligé d'insister sur ce point, car comme les jeunes générations médicales puisent couramment dans ce Dictionnaire, il importe de leur montrer qu'on se ferait une idée tout à fait fausse de l'électro-diagnostic, si on adoptait les principes de M. Jaccoud.

La contractilité galvanique n'est normale que dans le cas de santé parfaite du muscle. Pour peu qu'il soit malade, fût-il même simplement fatigué, elle est troublée. Il faut donc apporter à l'examen galvanique une grande attention et le plus de précision possible. Dans le cas, par exemple, que je citais tout à l'heure, où la contractilité faradique est tout d'abord normale pour s'affaiblir ensuite, malgré une amyotrophie manifeste, la contractilité galvanique indique d'emblée la maladie du muscle par un affaiblissement notable.

Elle est exagérée, non seulement dans les

cas où la moelle est irritée (tétanos, etc.), mais encore dans un certain nombre de maladies où la contractilité faradique est abolie. Mais, dans ce cas, cette exagération s'accompagne des signes, que nous analyserons plus loin, de la réaction de dégénérescence.

Elle est diminuée dans toutes les atrophies musculaires, quelle qu'en soit la cause, dans toutes les paralysies ou parésies musculaires, etc. Enfin, elle n'est abolie que lorsque la fibre musculaire a totalement disparu, comme on le voit dans de vieilles paralysies infantiles, où le muscle est remplacé par un cordon fibreux. On peut poser en règle que tant qu'il reste une fibre musculaire, fût-elle complètement séparée des centres nerveux, elle se contracte.

Réaction de dégénérescence. — Nous abordons maintenant l'étude de la réaction de dégénérescence, découverte par Erb. Erb a démontré que, dans certaines affections, les conditions normales de l'influence des pôles étaient renversées. Je m'explique : à l'état physiologique, vous le savez, la contraction maxima se produit au pôle négatif et à la fermeture. En cas de réaction dégénératrice, c'est le contraire qui a lieu : la contraction maxima se produit au positif et à l'ouverture du courant. De plus, cette contraction est excessive.

La réaction de dégénérescence est, en somme, constituée par le syndrôme suivant :

1° Abolition de la contractilité faradique;

2° Exagération de la contractilité galvanique;

3° Inversion de l'action polaire normale.

Souvent, la réaction de dégénérescence est incomplète; l'un de ces termes fait défaut. Par exemple, on trouve fréquemment l'abolition de la contractilité faradique et l'exagération de la contractilité galvanique sans inversion polaire. C'est bien là encore la réaction de dégénérescence, mais incomplète. Dans sa formule entière, cette réaction est assez rare. On ne l'observe que dans les cas de lésion profonde du système musculaire moteur. Elle existe presque toujours dans la paralysie infantile et dans la paralysie faciale grave.

Elle est d'un pronostic très sérieux.

Toutes les fois qu'on se trouve en présence d'une réaction de dégénérescence, si elle est complète, il est rare qu'on puisse espérer la guérison. Si elle est incomplète, il faut compter sur plusieurs mois avant de constater même une amélioration, et la longueur du traitement décourage souvent les malades.

Elle est donc d'un haut intérêt pronostic.

Il importe maintenant de résumer l'exposé, qui doit être un peu confus dans votre esprit, des renseignements que nous fournit l'exploration électrique en médecine.

Dans l'état actuel de nos connaissances et sans parler des notions qui, dans l'avenir, nous seront probablement fournies par l'étude approfondie des modalités électriques autres que la faradique et la galvanique, je crois qu'on peut synthétiser de la façon suivante les principes de l'électro-diagnostic.

Les contractilités faradiques et galvaniques ne sont normales que dans l'état d'intégrité absolue des centres nerveux moteurs, des nerfs moteurs et des muscles.

Ces deux contractilités divergeant souvent, il importe de les dissocier.

La contractilité faradique est troublée en plus, quand il existe un état irritatif récent des centres nerveux moteurs; en moins, lorsque le nerf moteur ou le muscle sont malades. Dans ce dernier cas elle peut paraître tout d'abord normale, mais s'épuise rapidement.

Elle est abolie lorsque l'arc réflexe, pour une cause quelconque, est interrompu.

La contractilité galvanique est troublée en plus dans les mêmes conditions que ci-dessus : irritation des centres moteurs; elle est encore troublée en plus, mais avec inversion de l'action polaire, quand le système nerveux trophique est atteint ou que le muscle est très gravement malade, en dehors des cas de myopathie progressive.

Elle est diminuée dans toutes les paralysies et dans toutes les amyotrophies, à l'exception de celles qui s'accompagnent de réaction de dégénérescence.

Enfin, un principe qui peut être établi est celui-ci : plus la réaction s'éloigne du type normal, plus la lésion sera longue et difficile à guérir. Cette difficulté est au maximum quand il y a réaction de dégénérescence.

VI

L'ÉLECTROLYSE INTERSTITIELLE (1)

UTILITÉ DU POLE POSITIF. ÉLECTRO-CHIMIE MÉDICALE

MESSIEURS,

L'énergie électrique se montre sous les formes les plus variées, et les principaux moyens utilisés pour les obtenir sont le frottement, l'action chimique, l'action calorifique, l'action magnétique.

Or, nous pouvons affirmer que, de toutes les forces mises par la nature et la science à notre disposition, aucune n'avait encore apporté aux conditions de la vie sociale et matérielle une transformation aussi radicale,

(1) Sous le titre d'*Électrolyse interstitielle*, je publie le résumé des conférences que j'ai faites cette année. Le lecteur y trouvera de nombreuses répétitions : si j'ai tenu à leur conserver la forme et le fond actuels, c'est uniquement pour montrer par quelles séries de recherches je suis passé, pour aboutir à une méthode de traitement qui

des améliorations aussi grandes, que l'énergie électrique.

En médecine, l'électricité semble aujourd'hui prendre une place élevée, et les progrès qui se réalisent dans cette voie augmentant sans cesse, pourront conquérir les esprits les plus sceptiques, si les partisans de l'électrothérapie savent lui assurer son véritable caractère. L'imagination, trop surexcitée en effet, a pendant longtemps exagéré tous les phénomènes électriques, et le public lui attribue encore des résultats mystérieux, portant vraiment atteinte à l'intérêt scientifique que nous devons lui conserver. Si la relation qui existe entre les effets des applications électriques et les phénomènes thérapeutiques n'est pas toujours saisissable, il faut s'en prendre à l'obscurité actuelle de questions extrêmement complexes, qui attendent une solution.

L'électricité médicale est bien innocente de toutes les discordes, de toutes les injures qui se sont déchaînées sur son nom. Elle est une

---

promettait beaucoup et qui s'est enrichi de résultats durables et rapidement obtenus. La question théorique, sans être très avancée, est suffisamment mise à point pour en rendre l'étude profitable et conduire à de nouveaux développements; la partie clinique fera l'objet, cette année, de plusieurs de mes conférences, car le temps de l'expérimentation est écoulé. — G. G.

science qui conserve son intérêt et sa précision; aucun partisan ni aucun détracteur ne sauraient lui soustraire ces qualités essentielles. Il suffit, pour se convaincre de cette précision, d'étudier les lois fondamentales qui régissent l'électricité et de considérer les phénomènes par lesquels elle manifeste son existence. C'est par la fausse interprétation de ces lois, que certains esprits sont arrivés aux divergences d'opinions les plus extrêmes, et à condamner sans retour, ou à louer sans réserve, les effets physiques de cette science et de ses affinités chimiques, dont ils ignoraient la production et ne prévoyaient pas les résultats.

L'utilité de l'électricité médicale restera incontestable, et grandira à mesure qu'on étudiera les moyens les plus connus pour la mettre en œuvre, dans des conditions expérimentales bien définies. En se prêtant aussi facilement que vous le savez à des combinaisons rationnelles, en se manifestant par des formes si variées, l'électricité a excité l'intérêt de quelques médecins, qui l'ont employée, peut-être, avec un engouement irréfléchi, en beaucoup de circonstances.

Or, l'étude d'une science quelconque doit être abordée sans aversion ni sympathie. C'est la raison qui doit nous guider dans l'usage que nous en faisons, et qui doit aussi nous en montrer l'abus.

C'est assurément sur le terrain des applications électriques gynécologiques que se sont rencontrés les détracteurs les plus nombreux. Dans ces dernières années principalement, on s'est élevé avec persévérance contre ce genre de traitement, et des adversaires convaincus ont pensé que le rôle de l'électricité était empirique et dangereux. On doit à la vérité d'ajouter, toutefois, qu'un chirurgien éminent s'était nettement prononcé en faveur de la méthode électrique, en gynécologie, et qu'il avait, dès lors, résolu d'abandonner le couteau pour la pile, *pour le plus grand bienfait de l'humanité.*

Cette sentence, vous le savez, a été plus tard comme le bouclier protecteur de tous les partisans de l'électrothérapie; mais, si Keeth a rendu un grand service à notre cause, il a aussi beaucoup contribué à augmenter la désunion qui règne encore à ce sujet parmi les membres de notre profession. Peut-être a-t-il également, par une déclaration aussi grave, encouragé un assez grand nombre d'entre nous à publier trop hâtivement certains résultats obtenus. Or, ces résultats ont certainement dû paraître contestables dans la suite, et, pour ma part, j'ai été parfois étonné de voir entre les mains de plusieurs de mes confrères, surtout les étrangers, des attestations de guérison tellement rapides que rien, dans ma pratique déjà ancienne de l'électrothérapie, ne semblait confirmer. De pareilles affirmations ont donc été, sans nul doute, très préjudiciables à l'avenir du traitement électrique, et sont une explication suffisante de tous les mécontentements qui se sont produits.

D'autre part, les médecins, qui ont cru trouver, dans ce modificateur thérapeutique, un moyen rapide de guérir les fibrômes et leur cortège symptomatique, se sont plus d'une fois trouvés en présence de cas difficiles et rebelles, et n'ont pas toujours fait preuve, dans ces circonstances, de la ténacité nécessaire pour réussir. Alors, les déceptions se sont succédé; déceptions imputables, soit au mauvais état de l'outillage électrique, soit à une technique mal observée, soit encore à l'inconstance des malades refusant de persévérer dans cette voie de traitement; mais ces insuccès n'incriminent en rien la méthode opératoire employée.

D'un autre côté, est-ce que la part des cas justifiables de l'intervention électrique a été toujours judicieusement faite? Le médecin n'a-t-il pas trop demandé à un traitement, bon en principe, mais qui peut devenir parfois d'un usage dangereux ou inutile, s'il en fait abus? Or, cette tendance à généraliser l'emploi d'un agent thérapeutique et à le faire intervenir, alors même qu'il doit rester impuissant, est extrêmement fâcheuse et pour le traitement et pour la maladie. Sachons donc tenir compte des arguments de nos adversaires; et, sans perdre de vue le terrain que nous avons gagné, étudions avec discernement les tentatives de ceux qui nous ont devancés dans l'étude des applications de l'électricité.

***

Mon désir est de vous initier aux nouvelles applications d'électrolyse médicale, que j'utilise depuis deux années, et que j'ai successivement améliorées et vulgarisées.

Cette méthode électrolytique se recommande tout particulièrement à votre attention, et à différents points de vue :

1° Par son énergie curative;

2° Par son outillage, qui est simple, peu encombrant et peu coûteux;

3° Par son usage, qui est sans danger.

Quels sont donc les caractères fondamentaux de mon *Électrolyse interstitielle?* Quels sont les points essentiels qui la distinguent des autres opérations électrolytiques?

Telles sont les premières questions qu'il faut se poser, et auxquelles je m'efforcerai de répondre très nettement.

Vous savez que lorsqu'on joint les deux pôles d'une pile par deux fils métalliques, et qu'on réunit leurs extrémités libres par l'intermédiaire de certains composés chimiques, ceux-ci sont progressivement décomposés, et le circuit métallique est traversé par un courant dont on peut mesurer l'intensité au galvanomètre. Ce premier phénomène de décomposition électrolytique fut observé en 1800 par Carlisle et Nicholson, qui, en essayant de faire passer le courant de la pile de Volta à travers de l'eau acidulée, constatèrent le dégagement aux deux pôles de l'hydrogène et de l'oxygène, et pensèrent avoir décomposé l'eau à l'aide du courant électrique.

Depuis, Davy et d'autres physiciens ont remarqué que beaucoup de corps jouissent de la propriété de se décomposer électriquement, et l'on a généralisé ces résultats.

Ces corps décomposés par le courant ont reçu, de Faraday, le nom d'*électrolytes*, et les deux conducteurs métalliques sur lesquels apparaissent les produits de la décomposition, celui d'*électrodes*. Il existe deux électrodes, ou plus exactement *deux pôles* : le pôle positif qui amène le courant, et qui est souvent appelé anode (1), et le pôle négatif, qui est encore connu sous le nom de cathode (2).

L'expérience démontre que, dans toute électrolyse, la décomposition de l'électrolyte n'a lieu qu'au contact des pôles, et qu'une partie seule des éléments constituants se dégage autour de l'un ou de l'autre.

Ce fait particulier est mis en évidence par la décomposition de l'eau, et il est plus apparent encore quand l'expérience est faite dans une solution d'iodure de potassium. Si vous voulez bien suivre l'expérience qui se passe actuellement dans ce tube à trois branches, rempli d'eau iodurée, vous verrez que de l'iode se forme seulement autour du pôle représenté par une tige de platine; que cette formation

---

(1) Du grec ἄνω : en haut.
(2) Du grec κατά : vers.

est d'autant plus grande que j'augmente l'intensité du courant, et qu'en même temps que l'iode naît, ce dernier se dilue dans la solution, qu'il colore de plus en plus. L'iode, métalloïde, naît au pôle positif; et cette décomposition vous permet en même temps de vérifier le pôle qui agit et le point où l'action se passe : ce point est la surface du pôle.

Vous assistez au même moment à une seconde expérience. Dans un autre tube à trois branches, contenant de l'eau ordinaire, vous voyez un dépôt vert clair sur la tige de cuivre, reliée elle-même à une seconde batterie de piles. Ce dépôt est de l'oxychlorure de cuivre, qui se détache de la tige après sa formation, et se mélange à l'eau, à l'électrolyte. Que s'est-il passé au moment où le courant traversait l'électrolyte? En vertu d'une loi générale, l'oxygène s'est porté sur le pôle positif (1), auquel est reliée une électrode soluble, une tige de cuivre; dès lors, la réaction définitive donne naissance à l'oxychlorure de cuivre de couleur vert clair, qui est mis successivement en liberté. Si je remplace l'électrode soluble par une électrode inoxydable, en pla-

(1) La formule générale est M N — O P.

tine par exemple, et que j'établisse un courant de même intensité et de même durée que le précédent, vous ne constatez plus une semblable réaction électrolytique : l'oxygène ne pouvant attaquer le métal reste libre. Les pôles cependant n'ont pas varié dans les deux expériences : dans la première, nous avons assisté à des actions électrolytiques secondaires (*électrode soluble*) ; dans la seconde, nous n'avons constaté que des actions électrolytiques simples (*électrode inoxydable*).

Ces faits jouent en thérapeutique un rôle considérable, que vous saisirez avec facilité, puisque vous connaissez les moyens d'action sur les composés chimiques. Or, les tissus sont des composés chimiques, sur lesquels on peut faire agir des *électrodes positives solubles*, dans les mêmes conditions d'expérience et de résultat définitif que lorsque nous opérons dans un électrolyte naturel, comme l'eau, ou même dans toute solution artificielle.

Ainsi, voyez ces deux tiges de cuivre : la première vient de me servir à expérimenter dans ce tube, la seconde a été utilisée hier pour opérer dans la cavité utérine. Quelle différence d'aspect leur trouvez-vous ? Elles présentent une oxydation aussi grande, une coloration aussi foncée; et, dans les deux cas, j'ai utilisé une intensité de 40 milliampères.

Pour vous convaincre plus encore de cette vérité, que les mêmes phénomènes de décompositions électrolytiques se présentent quand on agit sur les tissus ou dans un tube rempli d'eau légèrement salée, je veux faire successivement deux nouvelles expériences. Dans ce tube, contenant de l'eau salée, je fais passer un courant à l'aide d'une électrode de cuivre reliée au pôle positif; et, vous le voyez, l'électrode se recouvre d'oxychlorure de cuivre, etc. Sur ce morceau de muscle de bœuf, j'opère dans les mêmes conditions, et immédiatement les mêmes réactions s'effectuent.

Pourquoi? Sous l'influence du courant, l'O et le chlore contenus dans l'eau salée ou dans le muscle se sont portés, en vertu de la loi générale, sur l'électrode positive, qui est soluble, et, grâce à des affinités particulières, ont attaqué le cuivre pour former de l'oxychlorure de cuivre; puis, ce corps naissant se mélange à l'eau salée ou s'infiltre dans les interstices cellulaires du muscle, qu'il pénètre en étendue et en profondeur, proportionnellement à l'intensité débitée et à la durée de l'épreuve électro-chimique.

Je vous fais constater que bien que je me sois servi d'un courant de 50 milliampères, le tissu n'est ni cautérisé ni desséché; ce résultat, vous le verrez plus tard, a un grand intérêt au point de vue thérapeutique.

D'après cela, il est certain qu'avec les électrodes solubles de cuivre, quand nous opérons dans les liquides de l'organisme, dans les tissus ou à leur contact, nous nous trouvons dans les meilleures conditions expérimentales pour produire de l'oxychlorure de cuivre, car vous savez que 100 parties de sérum donnent 0,70 de cendres minérales, et que dans 100 parties de ces cendres on trouve 61 parties de chlorure de sodium et 4 de chlorure de potasse.

Les expériences peuvent être multipliées, et toujours les mêmes résultats sont obtenus. Il semble donc, comme je vous le disais, il y a un instant, que les conséquences expérimentales de ces phénomènes électrolytiques doivent obéir à une loi fondamentale. En effet, quand on électrolyse un sel fondu, avec des électrodes inattaquables, platine, charbon, et qu'on opère la décomposition dans un vase en verre, on observe ce fait constant que *quel que soit le sel électrolysé, le métal qui entre dans sa composition se dépose à l'électrode négative*, *et la partie non métallique, qu'elle soit simple ou complexe, se dégage autour de l'électrode positive.*

Je tiens à vous dire, pour mémoire, que Grothus, physicien de Leipsig, a donné une théorie au moins ingénieuse de ce fait capital, *que la décomposition électrolytique ne se produit qu'au contact des électrodes.* Grothus a supposé que toutes les molécules liquides d'un électrolyte, comprises sur le passage du courant, subissent, avant toute décomposition, une orientation, contenant des doses équivalentes de métal d'un côté, de radical de l'autre; qu'à un moment venu, chaque partie de la molécule, brisée par le courant, se dirigeait en sens contraire vers le pôle pour lequel elle avait le plus d'affinité; qu'après cette division, elle rencontrait une partie moléculaire hétérogène, avec laquelle elle formait une nouvelle molécule d'électrolyte. Dans cette hypothèse, les parties extrêmes de la chaîne moléculaire touchant aux électrodes sont seules libres, sans contact avec une molécule complémentaire; elles se portent donc sur les électrodes, et permettent ainsi l'apparition des éléments constituants de l'électrolyte.

Je résume. Quand on opère des décompositions électrolytiques en prenant comme électrodes le charbon ou des métaux inoxydables, comme le platine, l'or, etc., on obtient à l'un des deux pôles des bases et de l'hydrogène, et à l'autre, des acides et de l'oxygène; les corps naissants sont mis en liberté au niveau des électrodes, et s'unissent à l'électrolyte dans le cas où l'expérience se passe *in vitro*, ou agissent sur les tissus, en les cautérisant, si le courant de pile est appliqué dans un but thérapeutique. Ces cautérisations, qui s'effectuent sur l'organisme, constituent le résultat définitif et le plus tangible de toute application voltaïque, à moins qu'on n'observe des conditions particulières pour les éviter.

En second lieu, toutes les fois que les décompositions électrolytiques sont effectuées, soit avec une solution médicamenteuse, soit avec une électrode positive soluble (cuivre), les résultats sont différents. On peut obtenir alors un corps naissant, qui agira avec des affinités biologiques spéciales (l'iode, quand l'électrolyte est une solution iodurée; l'oxychlorure de cuivre, quand le pôle positif de la pile est en connexion avec une électrode de cuivre). Ces composés chimiques se déposent sur les tissus, sur lesquels ils agissent, non plus comme les acides et l'oxygène, mais grâce à des propriétés curatives qui leur sont particulières, et que j'ai mises en évidence en généralisant leur emploi thérapeutique.

Ces actions secondaires électrolytiques caractérisent *mon électrolyse interstitielle*. Les chances de la cautérisation galvano-chimique étant diminuées au maximum, l'iode et l'oxychlorure de cuivre pénètrent dans les interstices cellulaires, et l'action thérapeutique a d'autant plus d'énergie que les effets du traitement portent sur une plus grande surface. Ces effets, qui sont soumis à la durée et à l'intensité du courant, nécessitent cependant des intensités plus faibles et des soins de plus courte durée que dans le cas d'électrolyse simple, et, à cet égard, les guérisons obtenues sont d'accord avec la théorie.

Vous pourrez d'ailleurs contrôler ces assertions par l'examen des malades que je vous montrerai.

Avant de vous initier à mon outillage et à ma technique opératoire, permettez-moi de vous signaler brièvement l'origine de l'électrolyse, ou mieux, de la galvano-caustique chimique.

⁂

Chimi-caustie. — Depuis plus de trente années, on a cherché à utiliser en médecine les propriétés électrolytiques du courant continu, et le médecin qui en a le plus vulgarisé l'emploi, celui qui, en même temps, a le plus contribué aux progrès de l'électrothérapie, c'est mon maître et ami, le Dr Tripier.

Si c'est à Ciniselli, de Crémone, qu'appartient le mérite d'avoir fait de la galvano-caustique chimique une méthode bien définie, c'est au Dr Tripier que revient l'honneur d'en avoir précisé les indications thérapeutiques, et l'on peut dire que la facilité avec laquelle nous provoquons à volonté des eschares dans les points d'application des électrodes de la pile, constitue une des plus belles conquêtes de la chirurgie moderne.

Ce phénomène, tout physique, de décomposition se produit également bien sur les corps vivants et sur les corps bruts. On a donc là un moyen d'effectuer, sans intervention de la chaleur, des cautérisations semblables à celles qui sont déterminées par l'action des acides ou des alcalis, cautérisations dont l'intensité et l'activité se règlent facilement en dotant le courant dont on fait usage des qualités voulues de quantité et de tension.

L'étude des eschares, des cicatrices, l'outillage électrique, etc., a été faite magistralement, dès 1866, par M. Tripier, et il n'est pas inutile de vous faire connaître le résumé de son travail sur la galvano-caustique chimique, résumé auquel nous avons peu de chose à ajouter de nos jours :

« *L'application d'un courant continu à un corps vivant*, dit M. Tripier, *au moyen d'électrodes inaltérables, détermine la formation d'une eschare au niveau du point d'application de chacune des électrodes.*

« *L'eschare positive est comparable à celles produites par les acides et le feu ; l'eschare négative, à celles produites par les alcalis.*

« *Aux différences que présentent les eschares des deux pôles, correspondent des caractères différents dans les cicatrices qui succèdent à la chute de ces eschares. Les cicatrices positives étant dures et rétractiles, les cicatrices négatives sont molles, minces et pas ou peu rétractiles.*

« *L'importance de la galvano-caustique négative tient surtout à la facilité qu'elle donne de pratiquer des cautérisations alcalines dans des conditions où celles-ci étaient entièrement impraticables.*

« *Plus la force électro-motrice de la pile sera considérable, plus la cautérisation sera rapide, mais plus aussi elle sera douloureuse.*

« *Il importe que les électrodes ne soient pas attaquées par les acides ou les alcalis naissants; aussi, les fait-on en métaux inoxydables ou peu oxydables.* »

Partant d'un point de vue qui avait présidé à la création de ses premiers essais, le Dr Tripier arriva à conclure *à l'abandon de la galvanocaustique chimique positive, en tant que procédé de cautérisation*, « proposant de la conserver seulement dans le traitement des tumeurs vasculaires, moins en vue de produire une eschare que dans le but d'obtenir un coagulum albumineux, comme dans le traitement des anévrismes ».

Cet abandon ne fut pas partagé par tous les électriciens, car le pôle positif fut adopté dans la suite par un grand nombre d'entre eux, dans le but surtout de résorber les tumeurs. Aussi, c'est sur le terrain gynécologique qu'il faut juger de son utilité, depuis que les travaux de mon excellent maître, M. Apostoli et ses recherches sur l'électro-microbiologie nous ont fait connaître la raison d'être et l'efficacité de l'énergie du pôle positif. Ce sera une occasion de vous faire un court historique du traitement galvanique des fibrômes.

***

Les courants continus ont été fréquemment employés dans ces dernières années au traitement des tumeurs fibreuses de l'utérus. Les premières tentatives ont été faites en Amérique, par le Dr Ephraïm Cutter.

Le 21 août 1871, la première application du courant de pile sur un fibrôme de l'utérus fut proposée par le Dr Brown, sous la surveillance du Dr Cutter. La malade, chez laquelle on tenta deux essais d'électrolyse, avait un fibrôme extrêmement dur et peu susceptible d'une grande variation de volume.

Au premier essai, les deux aiguilles pénétrèrent à peine d'un pouce (11 centimètres); le courant d'une forte batterie Störher fut appliqué pendant quinze minutes sans résultat appréciable. Une seconde tentative fut faite, huit jours plus tard, avec des aiguilles plus fortes, mais la tumeur se montra si dure et si résistante que les aiguilles ne pénétrèrent que difficilement. Le Dr G. Kimball, de Loovell, le célèbre ovariotomiste, était présent au second essai et introduisit les aiguilles. L'effet obtenu ne fut pas sensible, et ce cas a été classé parmi les insuccès.

Dans la suite, E. Cutter opéra par sa méthode, et, sur cinquante cas, il eut les résultats suivants : 7 sans résultat; 25 améliorés; 3 soulagés; 11 guéris; 4 suivis de mort.

Toutes ses malades avaient des fibrômes volumineux, durs, extra-utérins, remplissant l'abdomen (1).

Les causes de la mort furent attribuées : chez la première malade, au choc de l'opération; chez la seconde, à un refroidissement et, dans la suite, à une péritonite; chez la troisième, aux suites d'une fièvre typhoïde; chez la quatrième malade, enfin, à l'abus de l'opium.

« Les merveilleux résultats, dit Cutter, que j'ai vu obtenir dans des cas de grosse tumeur, par une ou deux opérations, m'ont conduit à les étudier et à voir que nous ne sommes encore que sur la frontière d'un nouveau

(1) Voy. *Jour. obst. Amer.*, février, mars, avril 1887.

royaume de thérapeutique positive pour ces tumeurs. »

Des tentatives de fonte de fibrômes de l'utérus ont été faites par Ciniselli, et rapportées dans le journal *le Galvani*, en 1875. Dans un volume posthume de Ciniselli, *l'Électrolyse et ses applications thérapeutiques* (Crémone, 1880), se trouvent deux observations de polypes utérins, traités avec succès par la galvanoponcture. Dans cette opération, les deux aiguilles étaient implantées à la fois dans la tumeur.

Aimé Martin, dans le mémoire très complet qu'il a publié dans les *Annales de Gynécologie* sur les fibro-myômes utérins et leur traitement par l'action électro-atrophique des courants continus (1879), a repris la question, en recourant tantôt à la galvanisation continue, tantôt à la galvanisation discontinue. « Après avoir épuisé, dit-il, contre cette affection si commune tout l'arsenal médicamenteux que le Codex met à notre disposition, j'eus l'idée de recourir à l'électricité. Je ne songeais pas alors à en appeler à l'action chimique des courants continus, à l'électrolyse ; j'espérais plutôt trouver dans l'effet électro-dynamique de ces courants une force capable de provoquer la dénutrition des tumeurs fibreuses. J'avais été vivement frappé par les recherches de MM. Onimus et Legros, qui démontrèrent les premiers l'action des courants continus sur la nutrition, et par les observations rapportées par Ciniselli (de Crémone). »

Si les parties physiques et physiologiques de ce mémoire peuvent être laissées de côté, il reste des faits intéressants que nous devons remarquer.

A. Martin agissait soit dans le col de l'utérus, soit sur la surface vaginale, avec une électrode positive. Son électrode était en platine, de façon à la ménager par la production des acides et de l'oxygène, et d'augmenter son action caustique, qui devenait inévitable avec le nombre d'éléments Daniell qu'il utilisait comme énergie, et avec des séances d'un quart d'heure de durée.

Vous trouverez, dans un article que j'ai publié dans la *Revue internationale d'Électrothérapie* (1), mon appréciation sur la valeur de ce procédé, et un travail synoptique résumant treize observations, dont dix appartiennent à la galvanisation continue. Vous verrez, dans

---

(1) *Revue internationale d'Électrothérapie*, 1re année, juillet 1890.

cet article, qu'à la même époque M. J. Chéron publia, dans la *Gazette des Hôpitaux* (1879), quatre observations de tumeurs fibreuses traitées par les courants galvaniques discontinus.

Depuis cette époque, le Dr Gallard s'est occupé de la question, et une thèse d'un de ses élèves, celle du Dr Pégoud, de Grenoble, a été faite sous son inspiration. M. Gallard plaçait toujours un pôle, soit sur le col, soit dans la matrice, et utilisait un faible courant. Je ne m'attarderai pas à critiquer cette façon d'opérer, ni les conclusions de ce travail, où il est dit expressément que, après ce traitement, et chez toutes les femmes, la menstruation est en avance de quelques jours, et que les hémorragies n'ont été ni arrêtées ni diminuées.

Avant ces essais si peu encourageants, le Dr Brachet, d'Aix-les-Bains, qui aurait traité le premier, en France, une tumeur utérine par le courant continu (1875), serait arrivé, paraît-il, à un résultat très favorable.

On pourrait ajouter à ces documents quelques tentatives poursuivies sans but défini, et dont l'oubli ne saurait nuire à l'origine de la question.

Étudions maintenant les travaux de MM. Tripier et Apostoli.

Personne n'ignore que l'honneur d'avoir précisé les indications thérapeutiques de la galvano-caustique chimique revient au Dr Tripier (*Archives générales de Médecine*, 1866), qui a résumé d'une façon heureuse les usages des courants continus et les modifications que ces courants apportent sur les tissus. Plus tard, et surtout dans ses leçons cliniques sur les maladies des femmes, le Dr Tripier a enseigné que, grâce à l'électricité, nous pouvons changer mécaniquement et chimiquement les conditions de milieu des tumeurs que nous prétendons résoudre.

« Dans quelques tumeurs regardées comme exsudats d'origine inflammatoire, dit le Dr Tripier, dans les tumeurs où domine le tissu conjonctif ou fibreux, sans y former des masses absolument distinctes, enkystées en quelque sorte dans les lymphadénomes, on a pu observer quelquefois une résolution partielle, spontanée ou provoquée par des actions chimiques; c'est dans ces cas qu'on doit surtout tenter l'application des actions électriques, et dans ces cas seulement qu'on est en droit d'espérer le succès.

« *Le fibrôme utérin* nous paraît remplir les conditions requises dans une mesure suffisante pour légitimer des tentatives qu'il faudra maintenant définir et systématiser en tant que procédés opératoires.

« *Les actions permanentes* nous donneront des effets chimiques bien définis en tant que modificatrices directes de la réaction générale, acide ou alcaline, du milieu. Elles pourront encore agir indirectement sur la nutrition, en modifiant, au moins temporairement, quelques-unes des conditions de l'innervation de la région. »

Ainsi, pour le Dr Tripier, les actions permanentes, le courant continu, agissant chimiquement, devaient nécessairement prendre le pas sur les actions variables, n'agissant que mécaniquement.

Le procédé opératoire dont parlait l'auteur en 1882, a été défini et systématisé par son élève, le Dr Apostoli.

C'est à lui, sans conteste, que revient le mérite d'avoir institué une méthode de traitement électrique scientifique, efficace, et qui a rendu de grands services aux médecins gynécologues.

Cette méthode électrique, la galvano-caustique chimique, a pour caractères fondamentaux l'application des hautes intensités et le siège intra-utérin de l'électrode active *inoxydable.*

Il reste acquis que, le premier, le Dr Apostoli a appliqué à l'utérus des courants au-dessus de 50 milliampères, dans l'intention d'augmenter les effets thérapeutiques des courants continus. Pour lui, la moyenne des intensités oscille entre 120 et 150 milliampères, en restant soumise à la tolérance des malades et aux indications cliniques.

La tolérance des malades présente en effet une telle variété, que tout le tact du médecin doit être mis en œuvre pour savoir appliquer la dose efficace. En présence des indications multiples qui peuvent surgir, le Dr Apostoli a donné, dès 1884, une formule dont voici les termes généraux :

Appliquer une dose *utérinement tolérable ;*

Ne jamais brusquer les malades et ne jamais les surprendre;

Arriver progressivement à la dose maximum, et décroître de même.

Les indications cliniques de cette méthode électrique sont aussi variables que les fibrômes eux-mêmes. Tout fibrôme pur et simple, avec des annexes en bon état, devra être traité d'autant plus énergiquement qu'il sera plus hémorragique, interstitiel, et que l'endométrite concomitante sera plus accusée.

L'intolérance électrique tient, huit fois sur dix, à une lésion périphérique de l'utérus, et toute collection liquide suppurée ou hématique contre-indique absolument les hautes intensités, qui ne sont, du reste, que peu ou fort mal supportées, et réclament une évacuation plus ou moins rapide, ou l'acte chirurgical.

Cependant, une affection nerveuse hystérique ou une douleur ovarienne de même nature peut être la cause de cette intolérance, et la faradisation de tension et de longue durée aurait permis à M. Apostoli, dans ces cas, de faire supporter aux malades les courants galvaniques. Entre ses mains, les hautes intensités sont devenues un puissant moyen de diagnostic et un agent thérapeutique qui trouve sa justification théorique et clinique quotidienne, car l'action trophique, dynamique ou vitale du courant est proportionnelle au carré de l'intensité débitée et utilisée.

Théoriquement, l'usage des hautes intensités a trouvé un puissant appui dans les recherches faites par MM. Apostoli et Laquerrière sur l'électro-microbiologie. Un premier fait qui se détache de leurs expériences, c'est qu'*une petite dose électrique, appliquée même pendant un temps très long, avec une électrode positive inoxydable, ne produit jamais, sur un élément organisé, vivant, le même effet qu'une haute dose appliquée pendant peu de temps.*

Il est utile de faire observer que le courant continu n'atténue en aucune sorte la virulence des cultures microbiennes. L'atténuation des milieux pathogènes n'est que la conséquence des décompositions électrolytiques primitives ou secondaires qui s'exercent dans l'électrolyse et *au voisinage du pôle positif*. Les produits de la décomposition acide ou oxygène au pôle positif ont seuls le pouvoir d'atténuer ou de tuer les organismes pathogènes, et cette puissance microbienne est d'autant plus énergique, que le courant est plus élevé, de 150 à 250 milliampères, pendant cinq minutes (bactéridie charbonneuse), et que les pôles sont plus éloignés.

J'ai prouvé, de mon côté, que l'action microbicide du pôle positif est huit fois plus grande, quand on décompose de l'iodure de potassium, et *que cette action grandit quand on utilise des électrodes positives solubles*. Nous y reviendrons.

L'élévation du dosage électrique dans le traitement galvanique des fibrômes a permis à M. Apostoli d'obtenir des résultats plus prompts, de généraliser sa méthode aux fibrômes rebelles, durs, et aux femmes jeunes; de diminuer les récidives et d'arrêter plus facilement les hémorragies.

Le second point original de ce traitement est l'application intra-utérine du pôle actif, dans le but d'augmenter au maximum la puissance du courant débité; d'utiliser son action antiseptique et, dans certains cas, son action caustique intra-utérine, et d'atténuer, par ce *modus faciendi*, la douleur des applications galvaniques intenses.

Ce siège central facilite de la façon la plus heureuse la pénétration du courant, car la muqueuse utérine, de faible résistance, se trouve dans de bonnes conditions physiques pour en assurer la diffusion.

Pour éviter les pertes de force, M. Apostoli a conseillé de recourir, dans certains cas, à la galvano-poncture, afin de faire pénétrer en masse le courant par le point intéressé, et d'agir encore plus efficacement sur les fibrômes durs, localisés dans le Douglas ou sous-péritonéaux. Cette opération est assurément la plus douloureuse, mais c'est aussi celle qui est suivie de l'amélioration la plus complète. Cette localisation, d'autre part, permet d'utiliser l'action microbicide du pôle positif, dont est fatalement privée toute application vaginale.

Cette action antiseptique microbienne ne saurait s'exercer sans cautérisation intra-utérine ou parenchymateuse, dit le Dr Apostoli, et il résume en ces mots la synthèse du courant : la galvano-caustique intra-utérine est un vrai curage galvano-chimique qui agit par dérivation, et dont les effets sont proportionnels à la durée de la séance et à l'intensité.

Toutefois, l'auteur oppose à cette action polaire l'action interpolaire, ou action dynamique générale, qui grandit comme le carré de l'intensité, et qui légitime l'indication nouvelle qu'il a donnée des hautes intensités. *C'est la base essentielle de sa méthode.*

M. Apostoli, depuis 1882, a appliqué cette méthode avec succès chez cinq cent trente et une malades atteintes de fibrômes, et il n'a eu à déplorer que trois décès, imputables à des fautes opératoires. L'un de ces décès a été la conséquence éloignée d'une galvano-poncture trop profonde faite, dans la cavité péritonéale, sur un fibrôme extra-utérin ; l'autre a été provoqué par une ponction faite dans une ovaro-salpingite, probablement suppurée ; le troisième est dû à une erreur grave de diagnostic, qui a fait prendre un kyste de l'ovaire pour un fibrôme, et qu'il a soigné à tort.

⁂

Je me suis efforcé d'améliorer quelques point de la méthode électrique du Dr Apostoli. L'avenir apprendra si les modications que j'ai apportées au traitement que je viens de vous décrire, sont dignes d'être prises en considération ; néanmoins, je suis heureux de vous les communiquer, car mes tentatives, jusqu'à ce jour, sont encourageantes, et promettent beaucoup pour l'avenir.

Ces améliorations portent :

1° Sur l'outillage et la technique opératoire ;
2° Sur les résultats obtenus.

Examinons d'abord en quoi varie mon outillage ; puis, nous verrons tous les cas que j'ai traités par l'électrolyse interstitielle. Vous savez déjà que j'ai appliqué cette méthode à une grande variété de maladies : tuberculoses cutanées, tumeurs, etc., et le fait d'avoir obtenu des guérisons durables, dans un si grand nombre d'affections diverses, plaide déjà favorablement en faveur de ce traitement.

***

Outillage. — Le point essentiel qui caractérise mon électrolyse interstitielle, c'est la construction et la composition de mon électrode positive, car il demeure bien convenu que, seul, le pôle positif joue un rôle actif dans ce traitement.

Mes instruments se divisent en deux catégories : l'une comprend les électrodes solubles en cuivre et quelques accessoires ; l'autre, des sondes électrodes en platine pour la décomposition des solutions iodurées, soit dans les tissus, soit dans les cavités accidentelles ou naturelles.

A. *Électrodes solubles.* — Voici une grande quantité de ces électrodes : *tiges et aiguilles.*

Les tiges, comme vous le voyez, sont de différentes grosseurs et destinées au traitement des endométrites, des fibrômes, des hémorragies utérines, des inflammations chroniques et aiguës des annexes et du petit bassin chez la femme. En voici de plus volumineuses encore qui m'ont servi pour le traitement de l'ozène, des plaies, des hémorroïdes, etc.

Les aiguilles varient également, selon qu'elles servent à des ponctures sur le col de l'utérus, alors elles sont longues et isolées dans une grande partie de leur étendue, ou bien à des applications externes : tumeur, abcès, lupus, plaies, papillômes, etc.; et, dans ce cas, elles sont courtes et d'un diamètre parfois très petit.

Voici d'autres électrodes en cuivre, différant des précédentes par un manchon isolant qui vient buter contre un épaulement. La partie de cette électrode sur laquelle s'engaîne le manchon, est résistante, en acier ou en laiton; l'autre est un cylindre en cuivre pur, plus ou moins long, de 1 à 6 centimètres, plus ou moins gros aussi : c'est la partie active. J'ai fait construire cette dernière électrode pour le traitement des uréthrites chez l'homme, et mes premiers essais sont encore trop récents pour que je puisse vous donner mon opinion sur les effets curatifs de l'oxychlorure de cuivre dans cette affection. — En même temps que j'ai généralisé l'emploi des électrodes solubles en cuivre, j'ai cherché à simplifier l'outillage électrique complémentaire.

D'abord, pour assurer l'asepsie, j'ai supprimé le manche auquel on fixe d'habitude les tiges et les aiguilles électrodes, et le manchon d'ébonite ou de celluloïde qui a pour but de protéger la vulve et le vagin. Ce manchon isolant est facile à remplacer par une solution de gomme laque dans l'alcool, laquelle étendue avec un pinceau sur une surface plus ou moins grande des instruments, à la volonté de l'opérateur, a la propriété de se sécher en deux ou trois minutes et de former ainsi un parfait isolateur. Néanmoins, cette enveloppe isolante serait insuffisante dans le cas où les instruments seraient reliés au pôle négatif de la batterie ; car, vous savez que les bases naissent à ce pôle, et qu'une de leur propriété chimique est de dissoudre les résines. Avec ma méthode, cet inconvénient n'est pas à craindre, puisqu'elle relève essentiellement des applications positives. Il est vrai que les courants renversés deviennent toujours nécessaires pour bien terminer les séances, pour détacher les électrodes de cuivre, en un mot ; mais, d'autre part, ces renversements se font à des intensités minima, et la pratique vous prouvera que l'isolant, dans ce cas, ne s'alt[illegible]e jamais. Le manche est remplacé, dans [illegible]n outillage, par un fil souple et extrêmement léger. D'une part, il est en connexion avec la batterie par un bouton approprié, et reste libre à son autre extrémité, que l'on dénude de 5 à 6 centimètres pour l'enrouler autour de l'électrode.

Pour bien me faire comprendre, permettez-moi de vous montrer les préparatifs nécessaires pour une *opération d'électrolyse interstitielle intra-utérine*. Voici une tige de cuivre de la grosseur d'un hystéromètre ordinaire, droite, arrondie à ses deux extrémités. Je la nettoie d'abord avec du papier émeri très fin ; puis, je la lave avec soin ; je l'essuie, et, avec un pinceau fixé au bouchon de verre qui ferme la bouteille contenant la solution isolante, j'étends cette solution sur une surface déterminée. Si l'utérus que j'ai à soigner a 10 centimètres de profondeur, et que je désire ne produire d'oxychlorure de cuivre que dans sa cavité, j'étends la solution jusqu'à 6 centimètres environ de l'extrémité de la tige ; celle-ci étant ainsi préparée, je n'aurai aucune action dans le col, etc. Quand la tige est placée dans la cavité utérine, j'enroule le fil fin deux ou trois fois autour de l'extrémité de la tige laissée libre, et qui, elle-même, n'est pas recouverte de gomme lique. Je puis, pendant toute la séance, qui souvent est longue (vingt à vingt-cinq minutes), et qu'il y a intérêt à augmenter encore dans certains cas, laisser mes instruments libres, sans les tenir fixés en place.

Ma séance terminée, je retire la tige, que je nettoie de nouveau avec du papier émeri, et je brise la partie du fil fin qui l'entourait et qui ne servira plus. Je n'ai, en somme, qu'un instrument à tenir propre; vous savez qu'avec les autres méthodes il n'en est pas ainsi, et que l'asepsie de l'outillage qu'elles préconisent, est difficile à obtenir. D'autre part, les fils que j'emploie n'ayant aucune valeur, il est facile de les préparer soi-même, selon le besoin, et en une ou deux minutes; avec les fils soudés, au contraire, il survient quelquefois, entre les mains les plus expérimentées, des chocs qui rendent les malades craintives ou méfiantes.

Quelques-unes de ces tiges sont recouvertes d'oxychlorure de cuivre, ainsi qu'un grand nombre de ces aiguilles. Ce dépôt est le résultat d'une application unique, et le degré de la coloration est en rapport avec l'intensité voltaïque employée.

B. *Sondes électrodes.* — Mes sondes électrodes sont également des instruments destinés à faire de l'électrolyse interstitielle, mais, dans ce cas, le métal soluble est remplacé par une solution soluble. Leur forme est nouvelle, comme vous le voyez. Elles sont formées par deux gaînes en caoutchouc durci, contenant, dans leur intervalle, un petit conducteur métallique, qui porte le courant à un manchon en platine.

Ces gaînes sont plus ou moins grosses, et peuvent varier selon les besoins. Le manchon peut avoir plusieurs centimètres d'étendue ou quelques millimètres. A l'extrémité libre de l'instrument, l'orifice de la sonde électrode est agrandie pour recevoir le bec d'une seringue, tandis qu'à l'extrémité opposée vous voyez deux petits orifices à jet récurrent, par où sort l'injection destinée à être décomposée.

L'usage de ces sondes est bien simple. Si vous opérez dans une cavité libre, comme l'utérus, vous mettez l'instrument en place et vous injectez pendant la séance, très lentement, la solution iodurée. J'ai traité ainsi deux endométrites infectieuses, dans lesquelles l'examen microscopique m'avait démontré la présence des gonoccoques, et j'ai obtenu un résultat excellent, par une seule opération, chez chacune de mes malades. Dans ces deux cas, les séances furent de vingt minutes. J'ai signalé ces deux faits à quelques-uns de mes confrères qui sont présents à cette séance, en leur faisant remarquer que les suites de l'opération restent douloureuses pendant douze à quatorze heures.

Si vous opérez ainsi un abcès, une hydrocèle, un kyste, etc., l'opération comprend alors deux temps, et voici mon *modus faciendi*. Avec ce trocart, qui est recouvert d'une canule, construite de façon à laisser passer ma sonde électrode, qui est par conséquent de la même grosseur que le trocart, je ponctionne, puis je laisse écouler le liquide ou je l'évacue avec l'aspirateur de Dieulafoy. Je nettoie ensuite la poche avec de l'eau phéniquée ou une solution de naphtol camphré, s'il s'agit d'une collection purulente. Ce premier temps opératoire terminé, j'introduis par la canule ma sonde électrode à une profondeur déterminée à l'avance, et j'injecte la solution iodurée. Ma canule, bien entendu, est préalablement isolée avec la solution alcoolisée de gomme laque. Voici les instruments, la sonde, telle qu'on doit la placer dans la canule. Vous pouvez remarquer que le mécanisme en est simple, et que le second temps opératoire n'offre aucune difficulté. Je vais, dans un instant, vous montrer un malade que j'ai guéri, par ce procédé, d'un abcès tuberculeux de la paroi latérale droite de la poitrine.

Je ne crois pas utile d'insister plus longtemps sur les avantages et le mécanisme de cet outillage électrique nouveau.

Le traitement par l'électrolyse interstitielle n'exigeant qu'une intensité moyenne, toujours au-dessous de 50 milliampères, il ne devient plus indispensable de posséder des batteries de piles puissantes, des galvanomètres gradués jusqu'à un demi-ampère et de se servir d'une électrode négative en terre glaise.

Une petite batterie au bisulfate de mercure, peu coûteuse, facile à transporter et peu encombrante, vous rendra tous les services désirables. Un galvanomètre avec de grandes divisions de 0 à 50 milliampères, et du coton hydrophile, comme électrode indifférente ou négative, seront suffisants comme contrôle du courant utilisé, et pour débiter l'énergie électrique sans résistance et sans douleur.

Telles sont, messieurs, les principales modifications que j'ai apportées à l'outillage électrique pour utiliser l'électrolyse interstitielle, modifications que j'ai successivement améliorées et qui, comme toutes choses, sont encore perfectibles.

J'ai cherché à simplifier les anciens modes de traitement, à faciliter en outre l'asepsie de l'instrumentation et à remédier à différents inconvénients que présentait l'usage de l'outillage électrique.

Nous étudierons plus tard, dans tous ses détails, la technique opératoire de cette nouvelle méthode électrique (1).

***

J'ai déjà décrit cette nouvelle méthode *électrolytique* ou *électrotopique* dans différentes communications, sous le nom d'*Électrolyse médicamenteuse ou action des corps à l'état naissant.* C'est à l'excellente thèse de Lauret que j'avais empruntée alors cette dernière terminologie, que j'ai abandonnée ensuite, comme rendant imparfaitement compte des effets électrolytiques cherchés et obtenus.

Quand on décompose une solution d'iodure de potassium au pôle positif de la pile, ou une

(1) Le lecteur trouvera de nouveaux détails sur l'outillage de ma méthode, dans la conférence consacrée à la technique opératoire.

tige de cuivre rouge chimiquement pur, on peut se convaincre que l'iode libre ou l'oxychlorure de cuivre se dépose sur les tissus, pour se diffuser ensuite à une profondeur variable et sur une surface plus ou moins étendue, dans les interstices cellulaires. Ces effets contemporains et consécutifs au passage du courant, se manifestent d'autant plus énergiquement que son intensité est plus élevée et que sa durée est plus longue.

La synthèse de cet acte électrolytique comprend une série de phénomènes physico-chimiques : *décompositions voltaïques, actions chimiques secondaires, diffusions endothéliales*, que l'électrolyse médicamenteuse ne comporte pas en elle-même.

J'ai donc substitué à cette terminologie défectueuse celle d'électrolyse interstitielle.

Je dois cette électrotechnologie nouvelle à mon maître, le Dr Tripier, le fondateur de l'électrothérapie en France, à qui je suis heureux d'adresser en cette occasion mes plus sincères remerciements, avec l'expression de ma reconnaissance, pour ses témoignages d'estime et ses précieux encouragements.

Dans une lettre, datée du 28 février de cette année, M. Tripier m'écrivait à ce sujet :

« ..... L'idée à rendre est celle d'une décomposition électrique (électrolyse) distincte de la décomposition des tissus (chimicaustie), décomposition préparée par une action traumatique (injection, ponction...) ou sans traumatisme (tiges ou canules dans les cavités naturelles...). Si on pouvait introduire la notion de la pénétration artificielle et de l'électrolyte, tout serait pour le mieux; à défaut de quoi, il faudrait indiquer une action dans la profondeur.

« Cette dernière condition serait formulée par *électrolyse interstitielle* ou mieux *endothéliales* (peu euphonique); mais l'intervention d'un agent étranger à l'organisme y serait trop sous-entendu. *Méthode électrotopique* ou *Électrotopie* aurait l'avantage de s'appliquer aussi bien aux applications superficielles qu'aux applications pénétrantes; mais la forme de l'application ou l'indication de l'action analytique y font défaut : c'est trop. *Méthode* ou *applications voltalytiques* ou *des injections voltalytiques* me paraît mieux répondre à l'objet : le fait de l'action analytique et celui du moyen employé y sont compris. L'intervention d'un électrolyte étranger, d'une *voltalyse* médicamenteuse, se trouve indiquée par les mots *injections* ou *applications*. De ces derniers, je préférerais peut-être *applications*, qui est plus général; l'un, d'ailleurs, n'exclurait pas l'autre, et la méthode de la *voltalyse médicamenteuse* comprendrait soit des applications — terme général, — soit des *injections voltalytiques*. »

***

Recherches théoriques et cliniques sur l'électrolyse interstitielle. — L'électrolyse interstitielle comporte différents sujets d'étude qui sont du plus haut intérêt. Celui qui m'a préoccupé dès le début de mes premières recherches, c'est la connaissance des modifications apportées dans les tissus sains ou malades sous l'influence de l'iode libre et de l'oxychlorure de cuivre.

Le temps m'a fait défaut pour terminer toutes les expériences que nécessite cette question d'électrolyse expérimentale, et je me garderai bien de vous entretenir de mes premières tentatives, n'ayant aucun résultat bien observé et bien défini à vous communiquer.

Depuis mes dernières communications sur l'électrolyse interstitielle, j'ai étudié les réactions électrolytiques qui s'effectuent au contact d'une électrode soluble en cuivre pur, quand cette électrode est reliée au pôle positif de la pile, au double point de vue de la production de l'oxychlorure de cuivre et de sa nature, et de l'action de ce corps naissant sur l'organisme. Ce sont les résultats électro-chimiques et électro-thérapeutiques que j'ai obtenus, qui feront l'objet de cette conférence.

Aucun mémoire, je crois, n'a encore été publié sur les décompositions électrolytiques des électrodes de cuivre.

Avec un chimiste distingué, M. Favier, attaché au laboratoire de l'École polytechnique, j'ai voulu d'abord m'assurer de la perte que subissait une électrode de cuivre; puis, rechercher l'action du sel électrolytique chez l'animal vivant.

En utilisant comme électrode positive une aiguille de cuivre, nous avons pu nous rendre compte, d'une manière exacte, de l'attaque de cette électrode.

Nous avons, à cet effet, pesé avant et après l'expérience deux aiguilles de cuivre.

L'une (A) pesait 0 gr. 34912.
L'autre (B) — 0 gr. 34645.

Ces deux aiguilles, enfoncées dans les muscles de la cuisse d'un lapin, sont réunies au pôle positif d'une pile nous fournissant un courant de 5 milliampères, pendant dix minutes.

Après l'expérience, nous pesons les aiguilles, les ayant essuyées au préalable avec du papier buvard.

La première (A) pèse 0 gr. 34900.
La seconde (B) 0 gr. 34625.
Donc, la perte de (A) = 0 gr. 00012.
— — (B) = 0 gr. 00025.

Cette perte représente la quantité de cuivre déposé à l'état de sel dans les muscles. Nous avons pu obtenir cette exactitude dans les pesées à l'aide de balances optiques.

Les sels ainsi déposés électrolytiquement ne sont-ils pas toxiques? Bien que les nombreuses applications de cette méthode démontrent le contraire, nous avons voulu nous assurer expérimentalement de la réalité du fait.

Étant donné que les liquides séreux sont composés mi-partie de chlorures de sodium et de potassium, nous avons fait des liqueurs artificielles de chlorure de sodium à 1 et 2 ‰.

Nous avons ensuite soumis ces liqueurs à l'électrolyse, en nous servant de cuivre comme électrode positive.

Nous avons ainsi obtenu un oxychlorure de cuivre, sur la nature duquel nous revenons plus loin. L'oxychlorure ainsi obtenu étant insoluble dans l'eau, nous avons dû le laver et le sécher dans le vide, afin d'en mettre en suspension dans l'eau dans les proportions de 1 à 2 ‰.

Ce sont ces dernières solutions qui nous ont servi pour les injections intra-musculaires que nous avons faites à trois lapins. Dans une première expérience, nous avons injecté 1 centimètre cube de liqueur à 1 ‰ d'oxychlorure. N'ayant remarqué aucun symptôme d'intoxication chez les trois animaux, dans une deuxième expérience, trois jours plus tard, nous avons injecté 2 centimètres cubes de la même solution chez les mêmes lapins. Les animaux conservant leur état normal, nous avons fait une troisième expérience avec 3 centimètres cubes de la solution : deux mois plus tard aucun changement appréciable n'était survenu à la suite de ces tentatives expérimentales.

Nous avons enfin voulu nous rendre compte de la nature du sel de cuivre produit électrolytiquement au contact des tissus. Nous nous sommes placés dans des conditions analogues à celles où l'on se trouve dans les traitements par les aiguilles de cuivre, et nous avons utilisé des courants de même tension et de même durée.

Dans une solution de chlorure de sodium, nous avons fait passer un courant de 10 milliampères, en employant des électrodes de cuivre au pôle positif.

Le cuivre qui nous a servi provenait de dépôts galvaniques, et nous étions ainsi à peu près certains de sa pureté.

Après la fermeture du courant, on voit se produire un trouble autour de l'électrode positive, et bientôt se former un dépôt vert gris (vert pomme). C'est ce précipité lavé et desséché que nous avons soumis à l'analyse. Sous l'action de la chaleur à 110°, ce corps devient noir; l'analyse nous montre qu'il correspond à la formule $CuCl, 2\,CuO$.

Telle est la composition du sel de cuivre qui constitue la majeure partie des composés formés en soumettant à l'action de l'électrode positive (cuivre) les tissus musculaires ou les muqueuses.

Des réactions plus complexes s'opèrent toutefois au contact des acides contenus dans les sécrétions organiques naturelles ou pathologiques (1). L'étude de ces combinaisons électro-chimiques secondaires n'est pas chose facile et nécessite les recherches nombreuses et longues que nous avons entreprises.

Je vous ai déjà donné la preuve expérimentale, dans mes premières conférences, de la succession de phénomènes électro-chimiques qui s'effectuent dans les applications polaires positives des aiguilles et des tiges de cuivre sur les tissus. Je n'y reviendrai pas, d'autant plus que ces expériences peuvent se renouveler à volonté et sans difficulté; je veux seulement attirer votre attention sur les modifications qui peuvent survenir, par exemple, dans l'utérus d'une lapine, à la suite de quarante séances d'électrolyse interstitielle intra-utérines.

Dans ce but, j'ai pris une lapine six jours après sa délivrance, et, pendant trois mois, j'ai pratiqué dans son utérus quarante fois ma méthode. Une remarque importante à faire, c'est que, chez la lapine, il est possible de conduire dans les trompes utérines une tige de

---

(1) Lorsqu'on soumet les muscles détachés du corps à un courant de pile, on obtient, en effet, du côté de l'électrode positive, des acides sulfurique, phosphorique, chlorydrique et azotique, et du côté du pôle négatif de la potasse, de la soude et de l'ammoniaque.

cuivre du volume d'un hystéromètre ordinaire; l'orifice de ses annexes est relativement grand et perméable, leur situation sur le fond même de la matrice permet à l'instrument de s'y engager sans grande difficulté, et, avec l'habitude, on y arrive à chaque tentative. Il devient donc possible de se livrer à d'intéressantes recherches de ce côté.

Après la quarantième application, je fis l'ablation de l'utérus, des trompes et des ovaires, sans sacrifier l'animal, qui vit encore, et j'examinai avec soin la muqueuse. Il me fut impossible de constater la moindre lésion, la moindre congestion; toute la cavité utérine était lisse, blanche, et les orifices normalement dilatés.

Mes séances avaient été faites à trois jours d'intervalle, pendant dix minutes, avec cinq minutes de renversement polaire, et avec une intensité de 20 milli.

Après ces constatations microscopiques, je fis sur le champ une application en tout point semblable aux précédentes, et, après une demi-heure d'intervalle entre la fin de la séance et mon nouvel examen, il fut facile de constater les résultats opératoires suivants :

1° Le dépôt de sels de cuivre sur toute la

surface interne de la muqueuse utérine est très appréciable ;

2° La pénétration de ces sels dans le tissu est complète ; la région externe est aussi colorée en vert pomme que la région interne ;

3° L'un de ces sels est de l'oxychlorure de cuivre insoluble ; l'autre, un sel organo-métallique soluble. Si l'on pose sur différents points de la région pénétrée par ce sel soluble une *lame d'acier ou de fer*, on voit, après quelques secondes, *une couche de cuivre métallique* se déposer sur cette lame.

Il me serait possible de tirer de ce travail, quelques conclusions importantes ; qu'il me suffise, pour aujourd'hui, d'attirer votre attention sur le résultat de ces premières expériences, qui comportent une série de recherches d'un grand intérêt pratique.

***

L'électrolyse interstitielle comprend deux genres d'opérations : avec le premier, on utilise les propriétés physico-chimiques des électrodes solubles ou en cuivre pur, et c'est de lui dont il vient d'être question ; avec le second, on décompose, également au même pôle de la pile, le pôle positif, une solution médicamenteuse, et la solution que j'utilise, c'est l'iodure de potassium dans dix ou vingt fois son volume d'eau, selon les cas.

Les décompositions électrolytiques qui s'effectuent dans une solution iodurée, sous l'influence du courant de pile, ont été l'objet d'un premier travail, que j'ai publié dans la *Revue Internationale d'Électrothérapie* (p. 87, tome I). J'avais pensé alors que l'iode à l'état naissant serait un adjuvant important à utiliser, en même temps que le courant lui-même, dans la cure de diverses affections, et je me suis attaché, avant toute application faite dans un but curatif à rechercher dans quelles conditions s'opère l'électrolyse d'une solution iodurée.

Je désire, aujourd'hui, ajouter quelques observations à ces premières conclusions.

Quand on soumet au courant de pile une solution d'iodure de potassium, on constate une décomposition qui s'opère dès la fermeture du courant. On voit de l'iode libre se déposer sur l'électrode positive, qui est constituée par une lame de platine. Puis, la couche inférieure du liquide en expérience se colore de plus en plus par cet iode libre, qui reste en solution dans l'iodure de potassium non décomposé. A ce moment, la couche supérieure du liquide prend une coloration jaunâtre et ne tarde pas à devenir alcaline.

L'analyse montre que cette alcalinité est due à de la potasse libre provenant de la décomposition. On peut donc exprimer cette première réaction par l'équation suivante :

$$KI + H^2O = KOH + I + H.$$

La présence de l'hydrogène se constate naturellement au pôle négatif.

Dans cette expérience, se passe en même temps une autre réaction électrolytique : il se forme de l'acide iodique, à l'état d'iodate de potasse; car d'après M. Riche, l'acide iodique se forme dans l'électrolyse d'une solution aqueuse d'iode.

En second lieu, nous savons que les iodates prennent naissance en même temps que les iodures lorsque l'iode se trouve en contact avec les alcalis. On peut alors formuler la réaction par cette autre équation :

$$6KOH + 3I^2 = IO^3K + 5KI + 3H^2O,$$

ce que nous montre l'analyse. Car, si prenant la solution soumise à l'électrolyse, nous la traitons par l'éther pour absorber l'iode libre, nous obtenons une solution incolore, qui se colore fortement en brun sous l'action de l'anhydride sulfureux, réaction caractéristique de l'acide iodique.

En résumé, nous avons donc en présence :

1° De l'iode libre ;
2° De la potasse ;
3° De l'iodate de potasse ;
4° De l'iodure de potassium.

Seuls, l'iode libre et la potasse peuvent avoir une action sur les tissus. Cependant, je m'empresse de dire que la quantité de potasse libre est extrêmement faible.

* * *

Applications gynécologiques. — Au point de vue clinique, les applications de ce traitement électro-chimique ont été suivies de succès. Aussi, ai-je pu le comparer, dans plusieurs circonstances, et souvent avec avantage, à celui que préconise M. Apostoli. Il s'agissait alors de malades que la galvanocaustique chimique avait peu améliorées, au point de vue des hémorragies et des douleurs, et chez lesquelles l'électrolyse interstitielle a donné le plus souvent des résultats rapides et durables. Je considère d'ailleurs l'oxychlorure de cuivre comme un hémostatique de très grande valeur. Je l'ai vu échouer rarement. Peut-être les séances longues que je pratique dans tous les cas, ne sont-elles pas sans influence sur le résultat obtenu. Aussi me demandé-je aujourd'hui pourquoi nous sommes restés tant d'années à recommander des opérations électriques de courtes durées et fréquemment répétées, puisque toutes les applications de l'électricité semblent plaider contre un pareil enseignement. Le système nerveux s'accommode difficilement des excitations courtes et énergiques. Cette opinion pourrait se trouver fortifiée par des expériences d'électro-physiologie.

On sait que les frères Weber, en excitant le pneumogastrique par des courants forts, arrêtaient les mouvements du cœur en diastole, et que Pfleiger et Van Bezold prouvèrent ensuite qu'avec des courants faibles, portés sur le même nerf, on déterminait seulement le ralentissement du cœur. Dans leurs expériences, les frères Weber, au lieu d'exciter le nerf, l'épuisaient et paralysaient son action excito-motrice.

On peut admettre que l'action électrique portée sur l'utérus vient exciter les filets terminaux du sympathique, qui se rendent à cet organe, et que la conséquence à prévoir est l'excitation des vaso-dilatateurs ou celle des vaso-constricteurs; que les excitations fortes doivent produire une vaso-dilatation du vaste territoire artériel abdominal, tandis que les excitations galvaniques faibles et prolongées doivent produire l'effet contraire.

Pour ma part, j'estime que les séances prolongées d'électrolyse interstitielle — vingt minutes à une demi-heure environ — réussissent mieux contre les hémorragies que les séances fortes et de courte durée.

Les applications de l'électrolyse interstitielle dans les endométrites m'ont donné des guérisons rapides, et, cependant, dans plusieurs des cas traités, j'avais pu trouver des gonoccoques, à l'examen microscopique. Dans les hypertrophies du corps et du col de l'utérus, dans les inflammations du tissu cellulaire du bassin, ce nouveau traitement est actif et sans aucun danger : il soulage et guérit.

J'ai traité aussi deux épithéliomas du col de a matrice. Il s'agissait d'abord d'un cas inopérable, très hémorragique, et j'ai eu la satisfaction d'arrêter l'évolution de la maladie. Aujourd'hui, six mois après le dernier traitement, l'état de la patiente est toujours très satisfaisant, et son poids a augmenté de trente ivres. Dans un second cas, le résultat s'est montré aussi efficace : l'hémorragie abondante a diminué progressivement, la marche envahissante de l'affection a été arrêtée, et les forces se sont rétablies.

En résumé, sur plus de soixante affections utérines diverses, traitées en une année et demie par l'électrolyse interstitielle, et pour lesquelles l'opération avait été conseillée au moins dans le quart des cas, je n'ai dû encourager les malades que quatre fois à se faire opérer : il s'agissait alors de collections purulentes, enkystées, inaccessibles, et compromettant l'existence. En présence de faits de cette nature, il sera toujours imprudent de temporiser et d'employer comme traitement n'importe quelle méthode électrique.

Vous trouverez le résumé de toutes mes observations dans un prochain travail.

Je tiens, cependant, à faire connaître aujourd'hui les observations publiées par mon excellent confrère, M. Delineau, qui applique ma méthode, depuis plus d'une année, en gynécologie.

OBSERVATION I (résumée).

Métrorrhagies graves symptomatiques d'un fibrôme et d'une endométrite concomitante. — Traitement interne insuffisant. — Électrolyse cuprique intra-utérine. — Guérison.

Mme D..., marinière à Condé-sur-l'Escaut (Nord), m'est adressée par mon ami le Dr Masingue, rue de Flandre, 49. Ce distingué praticien soigne la malade depuis plusieurs années, par intermittences correspondantes à chacun des passages de cette personne à Paris. Elle a cinquante-quatre ans, tempérament sanguin, constitution bonne; deux couches, dont une gemellaire. Elle n'est plus réglée depuis quatre ans. Depuis deux ans surtout, elle a des pertes irrégulières et presque continuelles, avec de violentes douleurs abdominales et lombaires qui l'affaiblissent énormément et la font beaucoup souffrir.

Toucher : Abaissement utérin, hypertrophie et ectropion du col, tumeur fibreuse sous-péritonéale de la paroi postérieure du corps de l'utérus. Suintement catarrhal, épais, sanguinolent.

Hystérométrie : 8 1/2.

Le 29 juillet 1891, première application d'électrolyse cuprique intra-utérine de 50 milliampères positifs pendant dix minutes, au moyen d'une grosse tige de cuivre rouge pur, de 50 millimètres de diamètre; opération bien supportée.

5 août. — Il n'y a pas eu d'hémorragie; pansement simple avec ouate phéniquée saupoudrée

d'un mélange de poudre de tan, de quinquina et de charbon.

10 août. — L'hémorragie est revenue, mais peu abondante. Deuxième séance d'électrolyse cuprique intra-utérine; même intensité, même durée.

17 août. — Pas de pertes rouges; leucorrhée. Pansement antiseptique.

21 août. — Pas de pertes; douleurs dans les reins.

4 septembre. — Troisième séance d'électrolyse cuprique intra-utérine pos. 45° 8', suivie d'un léger écoulement sanguin par suite du retrait trop brusque de l'électrode cuprique, fort adhérente. Cette faible hémorragie est arrêtée, du reste, immédiatement par une injection d'eau stérilisée froide.

15 septembre. — L'hémorragie ne s'est pas renouvelée.

24 septembre. — Quatrième séance : 30° pos 10', suivis de 10° nég. 2'; pas de pertes rouges à la suite.

La malade quitte Paris le 25 septembre. Elle ne ressent aucune douleur. Elle m'écrit en novembre qu'elle va bien et qu'elle n'a plus de pertes.

J'ai revu et soigné la malade plusieurs fois depuis un an. Elle va très bien et son fibrôme paraît disparu.

Observation II.

Hémorragies utérines profuses, symptomatiques, de gros fibrômes. — Anémie extrême ne permettant pas l'opération. — Électrolyse cuprique intra-utérine. — Cessation des hémorragies. — Expulsion des fibrômes. — Guérison sans opération.

Mme G..., de Tours (Indre-et-Loire), trente-neuf ans, multipare, est atteinte de gros fibrômes interstitiels qui lui donnent l'aspect d'une femme enceinte. Métrorrhagies continuelles depuis trois ans, presque sans interruption, ce qui l'a mise dans un état de faiblesse indescriptible. Elle a des syncopes à chaque instant. Elle m'est adressée par son parent, mon ami le Dr Litardière, de Vivonne (Vienne), avec prière de la conduire à notre éminent maître le Dr Péan, en vue de l'opération de l'hystérectomie. Mais le savant chirurgien trouva cette dame dans un tel état d'affaiblissement, qu'il refusa net de l'opérer et lui conseilla d'essayer l'électricité, quitte à revenir au projet d'opération, si la malade reprenait un peu de force plus tard.

27 juin 1891. — Première séance d'électrolyse cuprique intra-utérine, 150 milliampères, 5 minutes, bien supportés, grâce à l'électrode indifférente de terre glaise d'Apostoli, suivis d'une inversion de courant à 20°, nég. 3'.

Hystérométrie : 9.

Cette femme supporte très bien l'électricité.

1er juillet. — Les pertes rosées se sont arrêtées le lendemain de la première séance; mais l'appétit est nul et l'état général déplorable. Je fais tous les deux jours à la malade une injection hypodermique de 5 milligrammes d'arséniate de strychnine, suivie d'une autre d'un centigramme de salicylate de fer.

7 juillet. — Deuxième séance : Application de même intensité, de même durée, bien supportée.

15 juillet. — L'appétit commence à revenir; le facies est un peu moins pâle.

20 juillet. — Troisième séance : 100° 7'.

27 juillet. — Quatrième séance : 100° 5'. Deux petites eschares au ventre.

Le 4 août. — Mme G... a eu ses règles et une ménorrhagie de dix jours à la suite.

17 août. — Sixième séance : 130° 6'.

22 août. — La malade se trouve mieux; elle n'a plus de douleurs, plus de pertes; elle se sent de la force. Elle mange bien. Elle demande à aller passer un mois chez elle.

Dans les premiers jours de septembre, elle fut prise, du lundi au vendredi, de douleurs expulsives très pénibles. Le médecin, appelé, refusa de calmer sa souffrance par des injections de morphine, que j'avais conseillées par dépêche; notre confrère croyant avoir affaire à une fausse-couche et voulant laisser agir la nature. Enfin elle expulsa de gros fragments d'un tissu dense, mou, de coloration brune foncée, qui n'étaient autre chose que ses fibrômes ramollis et atrophiés.

Le 2 novembre. — La malade revient à Paris; elle n'a plus le ventre proéminent; l'abdomen est affaissé. Son état général est bon.

En palpant le ventre, je constate encore la présence d'une toute petite tumeur fibreuse sous-péritonéale, molle, mobile, de la grosseur d'une noix, qui a résisté à l'expulsion de ses congénères ou qui s'est développée depuis.

Je revois la malade en mars. Elle présente les apparences de la santé la plus florissante. La menstruation est régulière. Il est convenu que si le petit fibrôme qui ne te fait mine d'augmenter, nous le traiterons par la galvanocaustie chimique.

Mon ami le Dr Litandière m'apprend en août que sa parente est à Royan en parfait état de santé.

Observation III (résumée).

Ménorrhagie liée à une endométrite fongueuse ancienne. — Électrolyse cuprique intra-utérine. — Guérison.

Mme H. ., rue de Rivoli, trente-huit ans, unipare, tempérament bilieux, constitution bonne, est employée principale dans un grand magasin de Paris. Elle reste debout toute la journée et se fatigue beaucoup. Atteinte de pertes abondantes tous les mois et de douleurs abdominales, elle m'avait été adressée en 1889 par M. Quentin, pharmacien, place des Vosges, 22. Je lui avais appliqué le traitement électrolytique ordinaire.

Son état s'améliora sensiblement; mais très occupée et se croyant guérie, elle abandonna le traitement. Elle me revient le 4 janvier 1892 dans un état d'affaiblissement alarmant. Douleurs violentes au moment des règles qui sont interminables depuis six mois.

Le 10 janvier. — Première séance d'électrolyse cuprique intra-utérine positive avec une tige de 3 millimètres de diamètre : 50m 10'.

25 janvier. — Deuxième séance de même intensité, même durée, mais suivie d'une légère perte.

5 février. — Troisième séance de 30m, pos. 15 minutes, avec inversion de courant de 10m, nég. 2' ; pas de perte.

15 février. — Quatrième séance : 35m pos. 10' + 1m nég. 2'.

Mars. — La malade se trouve bien; elle est menstruée régulièrement. Pas de perte, pas de leucorrhée.

Juillet-août. — L'état satisfaisant de sa santé continue.

Observation IV (résumée).

Endométrite hémorragique. — Atrésie du col. — Électrolyse cuprique intra-utérine. — Cessation des hémorragies. — Atrésie vaincue par la galvanocaustie négative. — Guérison. Grossesse.

Mme Fl.., rue Saint-Antoine, à Charenton, vingt-sept ans, n'a jamais eu d'enfants. Cette dame souffre dans le ventre, à la région ovarienne gauche, à tel point qu'elle ne peut marcher que pliée en deux et la main appuyée sur l'abdomen. Ménorrhagies interminables, accompagnées de douleurs lombaires, atrésie moyenne du col, rétroversion, règles irrégulières.

Cette malade m'est adressée par le Dr Privé, de Charenton, le 9 septembre 1891. Elle perd depuis dix-huit jours. Elle reviendra quand le sang sera arrêté.

12 septembre. — Première séance d'électrolyse cuprique intra-utérine, 50 milliampères positifs, dix minutes bien supportées. Hystérométrie : 5 centimètres.

16 septembre. — L'hémorragie n'est pas revenue ; la malade souffre moins, mais la marche est encore pénible.

20 septembre. — Deuxième séance de même intensité et de même durée.

25 septembre. — Troisième séance, semblable à la précédente.

3 octobre. — L'amélioration se dessine, la malade marche droit. Faradisation bi-polaire, fil fin, dix minutes, pour calmer la douleur ovarienne gauche persistante.

10 octobre. — La malade a été réglée du 4 au 8 sans souffrance. — Galvanisation des deux pneumogastriques.

17 octobre. — Quatrième séance d'électrolyse cuprique, 30° 10′ ; légère perte rouge à la suite, combattue par une injection d'eau stérilisée.

7 novembre. — Elle a encore ses règles sans douleurs, du 2 au 7.

6 janvier 1892. — Mme Fl... va très bien; mais, comme il lui reste de l'atrésie, je lui fais, sur sa demande, dans le but de combattre cette cause de stérilité, quatre séances, à dix jours d'intervalle, de galvanocaustie négative du col.

Une lettre du mari de cette dame m'apprend que sa femme est enceinte du mois de mars et qu'elle se porte bien.

Observation V (résumée).

Métrorrhagies anciennes. — Endométrite. — Antéflexion. — Électrolyse cuprique intra-utérine. — Guérison.

Mme D. R..., propriétaire à D... (Somme), 43 ans, biparre, tempérament sanguin, forte constitution. Son dernier enfant a seize ans. Elle est malade depuis sa dernière couche. Elle m'est adressée par M. Derbecq, pharmacien, 24, rue de Charonne, le 12 décembre 1891.

Règles irrégulières et pénibles, métrorrhagies graves et rebelles aux traitements internes dans ces derniers temps, leucorrhée de réaction acide, abondante et irritante, douleurs continuelles dans les reins, nervosisme, utérus et antéflexion très prononcée, rendant le col très difficile à atteindre, ulcère et hypertrophie du col, endométrite.

14 décembre. — Électrolyse cuprique intra-utérine, 50 milliampères pos. 7 minutes, mal tolérée; hystérométrie, 8 1/2.

23 décembre. — Deuxième séance, 30° 10' et 10 nég. 2'.

29 décembre. — Troisième séance, 30° 10' et 10 nég. 2'.

11 janvier. — Application d'une grosse électrode de cuivre pur sur l'ulcère du col, 30° pos. 5', qui se recouvre d'oxychlorure de cuivre d'un beau vert.

17 janvier. — Même application et quatrième séance *ut supra*; menstruation régulière.

21 mars. — L'ulcère du col est citratrisé. Il y a encore eu une petite ménorrhagie.

25 mars. — Électrolyse cuprique intra-utérine pos., 25° 15' et 10° nég. 3'.

16 juin. — La malade va mieux. L'hystérométrie ne mesure plus que 7 centimères. Dernière application d'électrolyse cuprique intra-utérine de même durée.

Août. — M. Derbecq me confirme la guérison parfaite de la malade.

Observation VI (résumée).

Ménorrhagies graves. — Endométrite. — Cessation des hémorragies par l'électrolyse cuprique intra-utérine.

Mme D..., rue des Nonnains-d'Hyères, m'est adressée à ma clinique le 25 avril 1892, par M. Huré, pharmacien, 1, rue de Jouy. — Vingt-neuf ans, nerveuse, bien constituée, mais très affaiblie. Anorexie, insomnie, crises nerveuses. Réglée à quinze ans, mariée à vingt. Quatre enfants; le dernier a trois ans. Règles très irrégulières depuis cinq ans, époque de sa pénultième couche. Elles durent quinze jours et plus. Douleur lombaire et ovarienne gauche. Malaise continuel. La pression à la région épigastrique est très sensible.

9 mai. — Galvanisation des pneumogastriques.

12 mai. — Première séance d'électrolyse cuprique intra-utérine positive : 40m 10' et 10m nég. n°, suivie d'une hémorragie.

Hystérométrie : 7 1/2. — Lavage à l'eau boriquée et pansement antiseptique.

Juin-juillet. — Cinq séances de même durée et de même intensité. Les règles sont redevenues normales.

1er août. — L'amélioration persiste et l'état général est très satisfaisant à la fin d'août.

Observation VII (résumée).

Endométrite hémorragique et paramétrite. — Électrolyse cuprique intra-utérine. — Disparition des hémorragies. — Guérison.

Mme L..., dame de magasin, rue de Rivoli, se présente à ma clinique le 25 août 1891, recommandée par M. Agard, pharmacien, 143, rue du Temple. — Trente-huit ans, mariée à vingt ans. Une grossesse il y a quinze ans; veuve depuis huit ans. Tempérament bilieux. Constitution forte. Ordinairement bien réglée, six jours; mais depuis huit mois les règles sont interminables, pénibles et suivies de pertes blanches. Le mois dernier, durée : vingt-deux jours; ce qui l'a beaucoup affaiblie et l'a décidée à chercher du soulagement, le travail lui devenant impossible.

Hypertrophie du col, utérus douloureux au toucher. Antéversion, endométrite. Hystérectomie : 7.

29 août. — Première séance d'électrolyse cuprique positive : 35°, 10' et inversion du courant 12°, nég. 3', avec une tige de cuivre pur de 3 millimètres de diamètre; bien supportée.

8 septembre. — Deuxième séance : *ut supra*.

14 septembre. — La menstruation a été presque normale, peu douloureuse.

22 et 29 septembre. — Troisième et quatrième séances : *ut supra*.

6 octobre. — La malade se trouve beaucoup mieux. Faradisation utéro-suspubienne.

En novembre. — Menstruation régulière, continuation du traitement.

25 janvier 1892. — La malade, tout à fait guérie, ne revient plus à la clinique, et des nouvelles récentes m'apprennent que son état de santé est toujours excellent.

Observation VIII (résumée).

Endométrite hémorragique fongueuse. — Électrolyse cuprique intra-utérine. — Guérison.

Mme M... m'est adressée le 12 janvier 1892 par Mme Maubert, sage-femme, rue de la Roquette, 1. — Quarante ans, deux couches mauvaises, la deuxième avec adhérence et rétention du placenta. Fausse-couche il y a trois mois, suivie d'une hémorragie abondante. Pertes rouges continuelles depuis cette époque Douleurs abdominales et lombaires. Hypertrophie de l'utérus. Antéversion.

22 janvier. — Première séance d'électrolyse cuprique intra-utérine : 25° pos. 12' et 10° nég. 2'. Hystérométrie : 8.

25 janvier. — Nouvelle hémorragie avec expulsion de caillots et de débris de placenta. Pansement antiseptique.

Du 29 janvier au 10 mars. — Cinq séances de même durée et de même intensité. La menstruation est devenue normale et indolore. La guérison est complète.

Observation IX (résumée).

Métrorrhagies profuses. — Gros fibrôme. — Électrolyse cuprique intra-utérine. — Cessation des hémorragies.

Mme N..., marinière à D... (Belgique). — Quarante-deux ans, nullipare; forte constitution; est atteinte depuis longtemps de pertes de sang irrégulières, abondantes, et d'une tumeur fibreuse. Elle n'en souffre que depuis deux ans.

Elle est entrée à cette époque dans une maison de santé à Auteuil ; elle y a suivi un traitement interne et d'électricité faradique sans résultat. Elle était décidée à y subir l'opération ablatoire, mais ayant appris qu'une de ses amies venait de mourir à la suite d'une opération semblable, elle changea d'avis et demanda conseil au Dr Masingue, 49, rue de Flandre, qui voulut bien me la recommander, le 27 janvier 1892.

Examen. — Grosse tumeur fibreuse de la paroi postérieure de l'utérus, lequel est en antéversion prononcée, ce qui rend le col peu tangible. Hystérométrie, 9 centimètres 1/2. Affaiblissement général; métrorrhagies graves.

29 janvier. — Application de l'électrolyse cuprique intra-utérine positive, 100 milliampères, 7 minutes (électrode indifférente en terre glaise), suivie d'inversion de courant, 10° nég., 3'. Bien supportée et sans perte subséquente.

8 février. — Deuxième séance, *ut supra.*

16 février. — La menstruation a été abondante, sept jours, mais peu douloureuse.

29 février. — Électrolyse cuprique intra-utérine pos., 55°, 10'.

4 mars. — Quatrième séance. 30°, 15'.

10 mars. — La malade retourne dans son pays. Amélioration très marquée; plus de pertes, plus de douleurs, bien que son travail quotidien soit des plus pénibles.

Le 2 juin, je revois Mme N... Son état s'est maintenu satisfaisant. Elle dit qu'elle n'est plus malade. Son ventre est toujours gros, avec tendance cependant à la diminution.

En juin, trois nouvelles applications de 15 minutes et de 25 milliampères d'intensité.

En juillet, la malade quitte Paris, enchantée de n'avoir plus de pertes, de douleurs, et de pouvoir travailler comme si elle n'avait jamais été malade.

OBSERVATION X (résumée).

Hémorragies profuses, symptomatiques d'une énorme tumeur fibreuse. — Électrolyse cuprique intra-utérine. — Cessation des pertes. — Retour graduel des forces permettant l'hystérectomie. — Guérison.

Mme M..., trente-quatre ans, m'est adressée par M. Poirée, pharmacien, 84, boulevard Richard-Lenoir. Elle a eu deux couches. Son dernier enfant a neuf ans. Elle souffre et perd du sang depuis son dernier accouchement. Son état s'est beaucoup aggravé depuis quatre ans. Elle est prise de douleurs atroces avant chaque époque menstruelle, assez régulière, du reste, et ne peut être calmée qu'au moyen d'injections de morphine. Énorme tumeur fibreuse remontant jusqu'au sternum. Hystérométrie, 12 centimètres.

Neuf séances d'électrolyse cuprique intra-utérine positive de 30 à 35 milliampères et de longue durée (10 à 15 minutes) ont amené la cessation des hémorragies et ont permis à la malade de reprendre des forces et du courage, mais elles n'ont pas calmé les souffrances de chaque mois.

Elle se décide alors à subir l'opération de l'hystérectomie, que mon éminent maître et ami le Dr Péan a pratiquée avec le talent et le bonheur dont il est coutumier, le 13 juin dernier.

La malade est, aujourd'hui, complètement et admirablement guérie.

Observation XI

Hémorragies profuses symptomatiques d'une endométrite fongueuse. — Deux curettages. — La malade en refuse un troisième. — Électrolyse cuprique intra-utérine. — Guérison.

Mme Ch..., boulevard Voltaire. Vingt-huit ans, nullipare; tempérament lymphatique; constitution bonne, mais anémiée. Réglée à douze ans, mariée à vingt-quatre. Première métrorrhagie à dix-huit ans.

Cette dame donne elle-même la première partie de son observation dans la lettre suivante :

« Paris, 4 juin 1892.

« Monsieur le Docteur,

« Je suis malade depuis deux ans. J'ai des pertes de sang continuelles. Au mois de mai 1890, j'ai eu une perte très forte qui a duré plus d'un mois. J'ai subi un curettage opéré par le professeur Marchand. Je me suis trouvée soulagée pendant quelque temps; mais, au mois de novembre suivant, j'ai fait de nouvelles pertes, et le même chirurgien m'a fait un second curettage au mois de décembre. J'ai été mieux jusqu'au mois de mars suivant, époque où j'ai été encore atteinte d'une nouvelle perte plus forte que toutes les autres et qui m'a duré cinq semaines. On m'a fait des piqûres d'ergotine et des applications de glace. Je suis partie à la campagne et m'y suis trouvée bien. Depuis le commencement de cette année, les pertes de sang ont recommencé, moins abondantes peut-être, mais de plus longue durée. Elles m'ont mise dans un état de faiblesse extrême. J'ai des syncopes, des crises de nerfs à chaque instant; je n'ai plus d'appétit, aucune force, aucun courage. Je peux dire que je suis toujours dans le sang. Un troisième curettage m'a été conseillé; mais j'ai tant souffert la dernière fois, que je ne peux me résigner à cette nouvelle opération..., etc., etc. »

Examen. — Le ventre n'est pas ballonné. Col tuméfié et atrésié. Utérus mobile, douloureux au toucher. Antéversion. Hystérométrie, 6 centimètres 1/2. Douleurs lombaires. Marche pénible; station verticale pénible. Sécrétions jaunâtres. Muqueuse émergeant du col.

8 juin. — Première séance d'électrolyse cuprique intra-utérine pos., 45°, 10', avec inversion de courant, 10° nég., 2'; en pleine hémorragie.

11 juin. — L'hémorragie s'est arrêtée le lendemain de la première séance. Il n'y a plus qu'un suintement rosé. Pansement antiseptique.

16 juin. — Deuxième séance, de même intensité, même durée.

25 juin. — Troisième séance, *idem*.

10 juillet. — Mme Ch... a eu ses époques pendant cinq jours sans exagération ni souffrance.

12 juillet. — Quatrième séance, *ut supra*.

15 juillet. — L'amélioration obtenue est vraiment extraordinaire. La malade se croit guérie.

Du 1er au 4 août, menstruation normale.

6 août. — La malade se plaint d'une douleur ovarienne à gauche. Je lui fais une faradisation bi-polaire. Cette opération est suivie d'une hémorragie, qui désespère à nouveau la malade.

12 août. — La perte n'a pas cessé depuis le 6 août. Cinquième séance, 25° seulement, mais pendant 20 minutes.

17 août. — L'hémorragie s'est arrêtée.

20 août. — Persistance de l'amélioration.

30 août. — Menstruation normale.

5 septembre. — La malade, aussi bien que possible, part pour les bains de mer.

Observation XII (résumée).

Gros fibrôme hémorragique. — Opération ablatoire déconseillée. — Électrolyse cuprique. — Cessation des hémorragies et des douleurs. — État de santé parfait.

Mme G... m'a été adressée le 18 février 1892 par le Dr Rogier, 145, rue Saint-Antoine.

Quarante-trois ans, réglée à quatorze ans; trois enfants, le dernier a dix-sept ans. Ses couches ont été bonnes; cependant c'est après son dernier accouchement qu'elle a commencé à souffrir. Métrorrhagie d'une durée de trois semaines, cinq mois après cet accouchement, pendant que la malade était à Genève. Elle y a été soignée et cautérisée au crayon de nitrate d'argent. A la quatrième cautérisation, elle fut prise d'une hémorragie qui mit ses jours en danger. Elle a eu six métrites en dix ans. La plupart des rapports sexuels provoquent chez elle des pertes de sang. Le ventre est énorme.

Diagnostic : Gros fibrôme de la paroi postérieure de l'utérus en latéro-version droite. Hystérométrie : 22 1/2. Souffrances continuelles dans le ventre.

Elle a été soignée en dernier temps par le Dr Porack, qui lui a déconseillé l'opération à cause du volume de la tumeur et lui a recommandé l'électricité.

Elle s'est soumise à un traitement électrique à hautes intensités; elle a tant souffert, dit-elle, qu'après quelques séances elle y a renoncé et s'est remise à ses injections quotidiennes d'ergotine. Mais il est survenu des abcès à la suite de ces injections hypodermiques. C'est alors qu'elle alla consulter le Dr Rogier, qui me l'amena.

8 avril. — Première séance d'électrolyse cuprique intra-utérine positive : 60°, 7 minutes, sans inversion, bien tolérée; pas de perte rouge, malgré l'adhérence de la tige.

15 avril et 25 avril. — Même opération : 60° et de même durée. Ses souffrances se sont calmées. Elle ne perd plus de sang. Elle a supprimé, bien entendu, ses piqûres d'ergotine dès la première séance.

Mai-Juin-Juillet. — Une séance par semaine, excepté au moment de la menstruation, qui est maintenant régulière, de quatre à six jours.

Août. — La malade prétend que son ventre a diminué. En tout cas, elle n'a pas la moindre douleur. Elle n'a plus d'hémorragies; ses règles sont normales; son fibrôme ne la gêne pas. Elle ne demande qu'à vivre ainsi et longtemps.

« Le fait qui domine dans toutes ces observations de malades atteintes d'hémorragies utérines, liées soit à un fibrôme, soit à une endométrite, dit M. Delineau, c'est que les douleurs ont toujours été très rapidement calmées et que les pertes de sang, généralement enrayées dès les premières séances, n'ont jamais résisté à un traitement de dix séances en moyenne.

« Il faut noter, en outre, que les malades n'ont pas suspendu leurs occupations pendant leur traitement, et que la douleur causée par l'application intra-utérine de l'électrolyse cuprique est à peu près nulle (1). L'intensité de 25 à 50 milliampères est la moyenne ordinaire des applications. »

---

(1) M. le Dr Delineau se sert du mot — *cuprique* — *pour bien différencier ma méthode électrolytique* des autres procédés. Le lecteur reconnaîtra, peut-être, avec moi, que la dénomination d'*Electrolyse interstitielle* est plus juste pour définir, tout à la fois, et l'Electrolyse des Électrodes solubles (électrodes en cuivre rouge) et l'Electrolyse de l'iodure de potassium, ainsi que les effets électrolytiques cherchés et obtenus. — G. G.

***

Applications générales. — Permettez-moi de vous signaler aussi quelques-unes des maladies que j'ai traitées par l'électrolyse interstitielle.

J'ai publié les observations de plusieurs malades traités et guéris par l'électrolyse interstitielle. Je vous rappelerai un cas d'actynomicose de la face, présenté, en collaboration avec M. Darier, à la Société de Dermatologie de Paris. Vous avez vu la malade, ainsi qu'un jeune homme guéri par le même procédé d'un sycosis de la lèvre supérieure; ces deux maladies avaient résisté longtemps aux traitements les plus variés. Je vous ai montré également une arthrite tuberculeuse de l'articulation tibio-tarsienne, guérie par l'électrolyse de l'iodure de potassium. Vous trouverez ces différentes observations dans le deuxième volume de la *Revue internationale d'Électrothérapie.*

Ces premiers essais remontent au début de ma méthode. Depuis, plusieurs médecins ont étudié l'efficacité de l'électrolyse interstitielle, et deux de mes confrères vous ont entretenus de résultats satisfaisants. L'un d'eux, M. le Dr Delineau, vous a prouvé qu'on pouvait obtenir une cicatrisation rapide des plaies de mauvaise nature. Vous n'avez pas oublié sa communication sur la guérison d'un cancroïde de la région sus-claviculaire droite, chez une femme âgée de soixante-deux ans. La cicatrice était belle et obtenue après trois séances de ponctures faites avec des aiguilles en cuivre. Plus tard, M. Jouslain est venu vous faire part de tentatives heureuses, faites avec des tiges de cuivre dans l'ozène.

Je tiens à vous communiquer de nouveaux faits.

Et d'abord, une autre guérison d'ozène. C'est un jeune homme de vingt-deux ans; les premiers symptômes de sa maladie remontaient à douze années. Depuis trois ans surtout, il était très incommodé, saignant régulièrement, et ayant un écoulement fétide qui le rendait insupportable dans son voisinage Il avait essayé, sans résultat, de nombreux traitements, et me fut adressé en janvier 1892. Son diagnostic n'offrit aucune difficulté. Je lui fis quatorze applications avec des tiges de cuivre; la dernière, le 30 avril. Trois mois plus tard, je le revis : sa guérison s'était maintenue, et elle se maintient à l'heure actuelle.

J'ai opéré de la même façon, et à la même

époque, un ami de ce malade, qui avait deux polypes muqueux dans la narine gauche. Après deux ponctures avec des aiguilles de cuivre dans chaque polype, l'affaissement de ces tumeurs fut notable, et je jugeai utile d'en faire l'ablation en présence de mon ami le Dr Larat : ce qui se fit sans effort ni hémorragie, avec une pince ordinaire. La récidive n'a pas eu lieu.

J'ai traité avec de grosses tiges de cuivre, il y a trois mois, une jeune fille de dix-huit ans, lymphatique, pour un coryza chronique, accusé surtout par une hypertrophie de la muqueuse et un écoulement continuel très abondant. Précédemment, cette malade avait eu recours, sans aucun bénéfice, à quelques remèdes employés dans ce cas : alún, injections astringentes, etc. Après six séances, faites en vingt jours, la muqueuse était complétement modifiée et l'écoulement avait disparu.

Il semble que nous ayons dans l'oxychlorure de cuivre un puissant moyen thérapeutique pour guérir certaines maladies du nez. D'autres observateurs sont même affirmatifs à cet égard.

M. Imbert de la Touche, de Lyon, notre collègue, m'a adressé, il y a quelques jours, la communication suivante, qu'il me prie de publier :

Mlle J..., dix-neuf ans; père en bonne santé, mère rhumatisante; n'a jamais eu d'affection grave, sauf, à l'âge de trois ans, un blépharite avec conjonctivite chronique, ayant duré quatre ans.

Les glandes sous-maxillaires ont été et restent encore légèrement engorgées.

A l'âge de quinze ans, avec l'apparition de ses règles, elle s'aperçut d'une forte odeur s'exhalant de ses fosses nasales et se plaignit de violents maux de tête presque continuels.

Ne s'inquiétant nullement de son état, elle était dans cette situation depuis un an et demi, lorsqu'elle vint me consulter : je lui prescrivis des lavages à l'acide borique et à l'eau salée.

La situation s'étant peu modifiée, les parents de la jeune fille la conduisirent chez le Dr Rougier, spécialiste pour les affections du nez et du larynx. Mon confrère porta comme moi, le diagnostic d'ozène, et conseilla des lavages quotidiens : le matin, avec du permanganate de potasse; à midi, avec du sulfate Pouillet, et le soir, avec de l'eau salée; puis, comme médication interne, du sirop de salsepareille iodurée et de la liqueur de Fowler.

Ce traitement, continué pendant deux années, amena comme résultat la diminution de l'odeur, ainsi que l'atténuation des maux de tête.

Mais, deux ou trois heures après chaque injection, l'odeur réapparaissait à nouveau, surtout plus appréciable le matin, au réveil; alors, le nez était enchifrené et la malade éprouvait une grande difficulté pour se moucher et respirer.

Les maux de tête, soulagés aussi par les injections, revenaient plus violents au milieu du jour. Ils étaient surtout caractérisés par une sensation de lourdeur et de pesanteur, sans douleur aiguë, avec localisation spéciale à la racine du nez.

Ayant assisté au mois de mars dernier, chez mon confrère et ami, le Dr Gautier, à l'un des premiers essais de traitement de l'ozène par les cylindres de cuivre rouge, je proposai à la jeune malade de se soumettre à cette nouvelle méthode. Le traitement fut commencé le 21 mars 1892. J'introduisis dans *les deux fosses nasales* un cylindre de cuivre rouge, en communication avec le pôle positif, l'autre pôle fut placé dans le dos.

Je fis passer un courant de 10 milliampères pendant cinq minutes environ, et je retirai l'instrument, lequel était revêtu d'une couche d'oxychlorure de cuivre.

Après la première séance, les narines furent moins enchifrenées; la patiente se moucha plus facilement et rejeta des mucosités verdâtres avec un peu de sang; mais, détail important, aussitôt les céphalées diminuèrent sensiblement. La malade continua ses lavages, tous les matins, avec du permanganate de potasse.

24 mars 1892. — Seconde séance dans les deux fosses nasales; le côté gauche plus intéressé que le droit.

30 mars et 9 avril. — Troisième et quatrième séances. A partir de cette époque, l'amélioration se dessina très nettement. La malade ne fit des

lavages que tous les trois ou quatre jours. On ne constata plus aucune odeur.

Les deux dernières séances, le 13 avril et le 5 mai, confirmèrent le résultat obtenu.

Actuellement, août 1892, notre jeune fille fait de temps en temps ses lavages; plus d'odeur; plus de *maux* de tête. La guérison paraît définitive.

Elle fut alors conduite chez le Dr Rougier, qui lui avait prodigué ses soins pendant plusieurs mois. L'examen très attentif qu'il fit des parties affectées ne lui révéla plus aucune lésion. Il fut très étonné du *résultat* obtenu : la cure était complète.

Voilà donc un succès de plus à l'actif *de la méthode* de notre confrère, le Dr G. Gautier.

M. le Dr Le Roy de Quenet, de Barcelone, m'a adressé également deux observations intéressantes sur le traitement par l'oxychlorure de cuivre :

« J'ai, dit ce dernier, en traitement deux cas d'ozène qui m'ont été présentés par le Dr Cardenat Estres, éminent chirurgien espagnol. L'un chez une petite fille de sept ans, assez indocile, chez laquelle l'introduction des deux cylindres en cuivre est très difficile, et qui les retire dès que l'augmentation du courant se fait sentir.

« Je me suis imposé comme règle de ne pas dépasser 6 milliampères, pendant cinq minutes. Eh bien, malgré les imperfections du procédé appliqué, inhérentes au cas dont il s'agit, j'ai pu obtenir un résultat satisfaisant après quatre séances seulement. Toute mauvaise odeur a disparu, ainsi que la formation des croûtes.

« Le deuxième cas est plus intéressant. Il s'agit d'un jeune homme de vingt ans, fils d'un fabricant de draps de Sabadell, malade depuis cinq ans, exempté pour ce motif du service militaire, et soumis aux traitements classiques depuis un an et demi. Rien n'avait pu atténuer l'odeur caractéristique de l'ozène et la formation des croûtes. L'amélioration s'est produite immédiatement : je suis aujourd'hui à la seizième application du procédé, avec des intervalles de deux à quatre jours. Je ne suis pas encore arrivé à la guérison définitive.

« J'ai également obtenu un beau succès dans la déviation de la cloison nasale, obstruant l'un des conduits et ayant produit la suffocation ».

De mon côté, j'ai pu guérir par ce procédé des papillômes, une scrofulide verruqueuse et des kystes sébacés. Dans un cas de papillôme siégeant en avant du tragus de l'oreille gauche, trois séances, avec deux ponctures chaque fois, ont suffi pour en provoquer la mortification.

Au mois d'avril dernier, mon distingué confrère, le Dr Pératé, m'adressa une petite fille âgée de huit ans, qui présentait sur la face dorsale de la main gauche une scrofulide verruqueuse, grosse comme un haricot. Aucun traitement n'avait agi efficacement pendant une durée de dix-huit mois, et l'enfant souffrait de sa main, surtout pendant ses jeux. A la suite de trois séances de ponctures faites chacune à trois semaines de distance, la scrofulide avait disparu, et la douleur également. Il est nécessaire, dans tous ces cas, de faire des séances de vingt minutes, et de prévenir les parents ou le malade qu'une inflammation de la partie traitée est presque inévitable.

Dans les kystes sébacés, la guérison est la règle, après une seule application des aiguilles. Lorsque les kystes siègent au milieu des cheveux, et c'est le cas des deux autres malades que j'ai traités, j'opère ainsi : Je traverse le kyste avec deux aiguilles, l'une en cuivre, la seconde en acier; la première est reliée au pôle positif; puis, je fais passer le courant, 10 à 15 milliampères environ, pendant un quart d'heure. J'ai opéré deux fois dans ces conditions et j'ai réussi à vider le kyste et à cicatriser les parois. On voit survenir, à la suite de l'opération, une inflammation assez vive, et le dixième jour, la guérison est obtenue. Les traces opératoires sont insignifiantes et disparaissent définitivement dans un délai assez court.

Chez une jeune fille, devenue très chlorotique à la suite de pertes de sang continuelles dues à une fissure de l'anus, j'ai pu arrêter l'écoulement sanguin après deux séances, et guérir totalement la fissure après la troisième séance de poncture interstitielle. J'enfonçais une aiguille de cuivre à un centimètre de profondeur, sur l'un des bords de la fissure, et je faisais une séance d'un quart d'heure. Dans ce cas, le renversement du courant est nécessaire pour pouvoir retirer librement l'aiguille. Six mois plus tard, la guérison persistait, et la santé de la malade était excellente.

Contre les hémorroïdes, je me sers de gros cylindres en cuivre. Ces cylindres sont isolés sur une étendue variable pour protéger la marge de l'anus, et les séances sont de longue durée. Chez deux femmes présentant de gros bourrelets hémorroïdaux, je suis arrivé à des résultats très satisfaisants en deux et quatre séances.

Les résultats obtenus attestent la valeur du procédé que je préconise et prouvent qu'il est digne d'attirer votre attention.

Je signalerai en terminant trois cas de guérison, obtenus par la décomposition électrolytique d'une solution iodurée.

La première malade, femme de quarante-huit ans, présentait un abcès datant de huit mois dans la région sus-claviculaire droite. Après aspiration du pus, la poche fut lavée et l'injection d'une solution iodurée au 1/20e fut pratiquée. Le pôle négatif de la pile était appliqué sur le sternum, le pôle positif en connexion avec la sonde-électrode que vous connaissez. La décomposition dura vingt minutes, avec une intensité de 30 milliampères. La guérison fut complète.

La deuxième malade, petite sœur des pauvres, âgée de cinquante-six ans, présentait un abcès, depuis six mois, au niveau de l'angle du maxillaire inférieur du côté droit. Même opération, même réussite.

Le troisième cas est plus intéressant encore. Il s'agit d'un homme de trente ans, que je vous montrerai tout à l'heure, et qui vint me trouver pour une tuméfaction limitée de la paroi thoracique droite. Le malade présente des antécédents qui permettent de soupçonner l'existence d'une tare tuberculeuse. Il a été orphelin de bonne heure, a une apparence chétive et tousse depuis quatre années.

Au mois de juin 1890, il garda le lit plusieurs mois pour une pleurésie purulente du côté droit, et fut ausculté à cette époque par M. Lancereaux, qui porta en ma présence le diagnostic de tuberculose pulmonaire. L'auscultation de la poitrine révèle les traces de cette pleurésie ancienne et les signes de la maladie préalablement diagnostiquée.

En novembre 1891, il commença à souffrir dans le côté droit de la région thoracique, au niveau de la neuvième et de la dixième côte; puis, il constata une tuméfaction, qui augmenta progressivement de volume. Les douleurs qu'il éprouvait étaient si vives qu'il fut obligé d'interrompre plusieurs fois le travail auquel il se livre dans un magasin de nouveautés.

Quand il vint me demander mes soins, le 20 mars 1892, je constatais, du côté droit du thorax, une masse saillante comme une orange, sphérique, correspondante aux neuvième et dixième côtes et située en avant de la ligne axillaire. La peau était normale, sans adhérence sur la tumeur, qui était immobile, plaquée pour ainsi dire sur la face externe des côtes. La palpation faisait constater une fluctuation très nette et une douleur très vive.

Le 25 mars, je fis la première opération suivante : évacuation du pus avec l'aspirateur de Dieulafoy, et après plusieurs lavages phéniqués, injection d'huile iodoformée.

Quatre jours plus tard, l'abcès était refermé et plus douloureux qu'avant le traitement.

A ce moment, le 29 mars, je pratiquai une deuxième opération dans des conditions différentes. Après évacuation du pus, lavage phéniqué, injection d'une solution d'iodure de potassium au 1/20e : la séance d'électrolyse dura dix-huit minutes, avec une intensité de 25 m.m. Le pôle négatif était appliqué sur la poitrine, en arrière et à droite ; le positif, en connexion avec la sonde électrode. Au bout de deux jours, le malade put se lever, et après quinze jours de repos, reprendre définitivement son travail : la guérison était complète.

Aujourd'hui, trois mois et demi après le traitement, vous ne trouverez d'autre trace de cet abcès volumineux qu'une petite protubérance osseuse située sur la face externe de la dixième côte.

En résumé, les courants électriques, en

traversant les tissus vivants, agissent de deux façons bien distinctes : *physiquement* et *chimiquement*. L'action physique est le résultat de l'électricité dans l'organisme, et l'action chimique est le changement moléculaire apporté par ce passage, qui suscite dans les corps composés des décompositions ou des combinaisons nouvelles. En faisant désormais des applications voltaïques longues, à l'aide d'électrodes en cuivre, le médecin utilisera rationnellement la somme de ces deux actions : physique et électro-chimique. L'électrolyse interstitielle étend, par conséquent, le champ d'application de l'électrothérapie, et constitue, avec les courants alternatifs que j'ai introduits en médecine, en collaboration avec le Dr Larat, un progrès réel, dû à des notions bien assises, et qui, certainement, aura pour effet de réagir sur la situation des esprits.

VII

L'ÉLECTROLYSE INTERSTITIELLE

Technique opératoire. — « Tant que l'électricité sera appliquée sans méthode, a écrit Boudet de Pàris, l'électrothérapie ne pourra être considérée comme un mode de traitement sérieux; les résultats seront toujours incertains, les succès rares et incomplets. Le scepticisme alors a beau jeu contre une spécialité fondée uniquement sur l'empirisme; sa valeur doit être démontrée par des preuves scientifiques, et, pour la défendre, il ne faut pas se contenter d'invoquer des influences inconnues, dont l'énoncé fait sourire le physiologiste et le physicien. »

C'est surtout l'électricité, messieurs, qui s'est prêtée, avant toute spécialité, aux attaques les plus nombreuses et souvent les plus fondées, car c'est dans cette branche de l'art de guérir que s'est lancée de nos jours une pléïade de gens, médecins ou non, faisant bon compte des travaux publiés qui ont enrichi la question, pour offrir l'électricité comme *une puissance mystérieuse*, capable de guérir tous les maux.

Si la nature de l'électricité nous est complètement inconnue, nous connaissons du moins les moyens de la produire, de l'utiliser dans beaucoup de circonstances, d'en faire, en un mot, un véritable agent thérapeutique. Dans cette science, comme dans toutes les autres, nous devons successivement passer par des épreuves de recherches, d'expérimentations, avant de connaître les applications qui en dérivent, et si parfois cette étude nécessite des étapes bien longues sur la voie du progrès, nous devons toujours savoir apprécier, avec conscience, la valeur de nos expériences et de nos résultats. C'est à cette condition qu'il sera permis de présenter une nouvelle méthode de traitement dont on aura étudié tous les détails, d'en préciser autant que possible les indications, et de permettre enfin à ceux qui sont désireux de s'instruire, de répéter, dans les mêmes conditions, les expériences qui auront été bien appréciées et décrites par l'expérimentateur.

La pratique longue et attentive d'une méthode de traitement, des applications multiples ne permettent pas toujours de la décrire avec précision; le temps achève, le plus souvent, de la modifier et de l'améliorer.

Ceux d'entre vous qui ont lu mes premières communications sur l'électrolyse interstitielle, savent en effet que j'ai apporté successivement de nombreuses modifications à cette méthode et que j'ai fait subir de grands changements à sa technique opératoire.

Ainsi, au début de mes premiers essais, j'avais pensé que les séances devaient être fréquemment renouvelées, me guidant sur une longue pratique de la galvano-caustique chimique.

En gynécologie, je faisais six séances, en moyenne, par mois, d'une durée trop courte : cinq ou dix minutes. Dans les applications générales, je n'étais pas fixé, à cette époque, sur les effets thérapeutiques de l'oxychlorure de cuivre, et sur l'iode à l'état libre; et si je ne suis pas encore entièrement renseigné sur l'efficacité complète de ces agents, j'ai acquis, du moins, l'expérience du traitement que je préconise ; et de nouvelles recherches me permettent aujourd'hui, et avec plus de certitude, de prescrire l'emploi de l'électrolyse interstitielle.

Grâce à ces travaux, j'ai pu faire la part des cas tributaires de ma méthode, et abandonner ceux qui ne me paraissaient pas rapidement améliorables, ou pour lesquels d'autres traitements semblaient tout indiqués. Car, ne l'oublions pas, c'est un grand danger que de vouloir forcer l'efficacité d'une méthode, quelle qu'elle soit ; en la généralisant trop, on la compromet, on la perd. Il ne faut pas oublier également que le traitement électrique trouve quelquefois un puissant auxiliaire dans les autres méthodes thérapeutiques, et qu'il est au moins utile d'y recourir toutes les fois que le tempérament du malade et la nature de la maladie le réclament. Un système, en définitive, a d'autant plus de valeur qu'il n'exclut pas les autres : une branche quelconque de la science médicale ne saurait se constituer à l'état d'indépendance.

Ainsi comprise, l'électrothérapie pourra gagner, dans sa marche et son développement, la considération générale de tous les médecins rationnels.

***

En gynécologie, j'ai uniquement réservé aux lésions inflammatoires de l'utérus, soit de son parenchyme, soit de la muqueuse, et à certaines lésions suppurées ou congestives de ses annexes, les avantages que procure l'électrolyse interstitielle.

Dans les fibrômes durs, douloureux et non hémorragiques, dans les exsudats anciens, dans les affections d'origine nerveuse des ovaires, le vaginisme, j'applique, depuis une année, les courants alornatifs. Ces courants, à alternances invariables, environ dix mille par minute, à intensité mathématiquement progressive, grâce à nos transformateurs, modifient, peut-être d'une façon durable, les inflammations chroniques du petit bassin, dont elles arrêtent le développement et dont elles peuvent, dans certains cas, diminuer le volume. Ma pratique ne me permet pas d'affirmer que ces courants agissent favorablement sur les tumeurs fibreuses, mais ils relèvent les forces des malades et rétablissent les fonctions de l'intestin; contre les douleurs ovariennes et le vaginisme, ils me semblent indiqués, car ils m'ont donné de rapides résultats. Ces améliorations, toutefois, m'ont paru passagères, dans les applications localisées soit dans l'utérus, soit dans le vagin, et elles me semblent plus efficaces dans les bains avec courants alternatifs. Nous reviendrons, plus tard, sur cette nouvelle question thérapeutique.

Ces deux médications électriques, courants alternatifs et électrolyse interstitielle, ne se compliquent, dans aucun cas, d'aucune réaction inflammatoire, lorsqu'ils sont appliqués avec discernement.

Dans les endométrites et dans les fibrômes hémorragiques, je me sers de tiges de cuivre droites et proportionnées au calibre du canal cervical. Je les place dans la cavité utérine, sans l'aide du spéculum, après avoir isolé, avec la solution de gomme laque, la partie vaginale. J'enroule à l'extrémité libre un rhéophore très fin, qui est relié au pôle positif de la batterie; l'autre pôle est représenté, le plus souvent, par une plaque de zinc recouverte d'amadou et de peau de chamois, de 15 centimètres carrés, que j'applique sur le sacrum ou sur l'abdomen, d'après la situation de la tumeur ou de l'utérus soit en avant, soit en arrière. Les tiges les plus volumineuses sont des tubes creux, les plus petites sont pleines.

L'outillage ainsi disposé, je commence la séance en promenant lentement la manette du collecteur, du 0 au nombre de couples nécessaires pour obtenir de 25 à 40 milliampères au galvanomètre. La première séance dure un quart d'heure.

Pendant ce temps, la malade n'éprouvera généralement aucun malaise; si elle se plaint toutefois de picotements dans le vagin ou sur la peau, c'est qu'alors l'électrode de cuivre a été mal isolée ou que la peau est excoriée, accidents opératoires qu'il est facile d'éviter.

Le quart d'heure écoulé, je ramène très lentement la manette au 0; puis, je change le sens du courant, soit à l'aide du commutateur, soit en déplaçant mes deux rhéophores, le positif dans la borne négative et le négatif dans la borne positive.

Cette nouvelle direction du courant effectuée, j'avance la manette sur le premier couple, puis sur le second, de manière à lire 8 ou 10 milliampères sur le galvanomètre.

Ce deuxième temps de l'opération, temps de renversement, doit durer six à huit minutes environ, pour permettre à l'électrode de se détacher de la muqueuse cervicale et utérine, grâce à l'H et aux bases qui s'accumulent sur sa surface intra-utérine.

Alors, on ramène la manette au 0, et on retire doucement la tige de cuivre en lui imprimant de légers mouvements de rotation.

Après l'opération, la malade doit rester étendue une demi-heure environ, garder le repos, autant que possible, jusqu'au lendemain et faire des injections chaudes antiseptiques.

La première opération doit avoir lieu quatre ou cinq jours après la cessation des époques, et la deuxième, dix ou douze jours après la première. Deux opérations suffisent dans un mois.

La première action du traitement est de saturer toute la cavité utérine d'oxychlorure de cuivre, de couleur vert pomme; la muqueuse d'abord, puis les glandes, les vaisseaux et le tissu musculaire s'imprègnent successivement de ce corps à l'état naissant. Cette saturation interstitielle, dont les effets microbicides ne sauraient être mis en doute, provoque une congestion passagère de l'utérus. Les glandes se congestionnent et vident leur contenu, la muqueuse se détache par parcelles ou en totalité; on assiste, en un mot, à un travail d'élimination et de réparation, qui s'effectue sans douleur et sans réaction inflammatoire du voisinage.

En résumé, toute application intra-utérine d'électrolyse, avec électrode soluble en cuivre, s'accompagne de trois périodes successives de réaction différente : la première est une période de congestion ; la seconde une période d'élimination ; la troisième une période de réparation. Ces trois états, congestion, élimination, réparation, ne se compliquent d'aucune inflammation douloureuse et durent environ huit jours.

Pendant ce travail, toute application nouvelle d'électrolyse serait inutile et nuisible. Inutile, car elle n'accélèrerait en rien la marche de la guérison ; nuisible, car elle pourrait provoquer une hémorragie. En effet, l'élimination des tissus pathologiques étant imparfaite, la muqueuse serait encore adhérente par certains points, et par conséquent adhérente également à l'électrode après la séance, qui romprait quelques vaisseaux et amènerait une légère hémorragie.

Je vous disais que l'action microbicide de ma méthode est probable. J'ajoute : elle est évidente.

Pour démontrer cette action, j'ai opéré sur

un bacille qui engendre un vert fluorescent, et qui se prête très bien à la démonstration d'un agent microbicide, pouvant retarder ou supprimer l'apparition des pigments. On sait que ce bacille est assez résistant aux antiseptiques (1).

Le bacille pyocanogène serait plus résistant que le charbon au point de vue de l'action électrique. Il ressort, en effet, des recherches de MM. Apostoli et Laquerrière, *qu'un courant de 130 à 180 milliampères* atténue une culture charbonneuse; que « deux cobayes, inoculés avant l'expérience de cinq minutes, *sont morts* en quarante-huit heures; que trois cobayes inoculés après ont résisté (2) ». Or, d'après les mêmes auteurs, « *un courant de 200 milliampères* appliqué pendant cinq minutes sur des cultures de pus bleu N'A PAS DONNÉ DE RÉSULTATS APPRÉCIABLES (3) ».

J'ai entrepris une série de recherches importantes sur cette question, et les résultats ont été satisfaisants à différents points de vue. D'abord, par l'arrêt de l'évolution du bacille pyocanogène, ensuite et surtout par les

---

(1) CHARRIN. *Traité de Médecine*, 1er vol., p. 237.
(2) *Revue internationale d'Électrothérapie*, 2me vol., p. 8.
(3) *Ibid.*, p. 13.

faibles intensités utiles pour enrayer cette évolution.

De ces recherches, je puis conclure : d'abord, que l'oxychlorure de cuivre qui naît au pôle positif de la pile, avec des électrodes en cuivre pur, influence fortement après sept minutes, le bacille pyocanogène dans ses fonctions de sécrétion des pigments; faiblement dans sa multiplication. Qu'après un quart d'heure, avec un courant de 40 milliampères, la fonction est totalement supprimée : la vie existe à peine.

En second lieu, que l'iode libre, après un quart d'heure à 40 milliampères, influence fortement la vie du bacille et supprime la fonction de sécrétion des pigments.

Or, comme on sait que les microbes interviennent et par leurs sécrétions et par leur nombre, ces résultats montrent qu'on peut les influencer utilement.

De nouvelles recherches entreprises sur des milieux ensemencés prouveront si ma méthode jouit de pareilles propriétés, non plus à la surface de ces milieux, mais bien dans leur profondeur. Les résultats thérapeutiques ont déjà prouvé qu'elle était autre chose qu'une *thérapeutique des surfaces;* il importe de le confirmer.

N'oubliez pas, pour le moment, ce fait expérimental d'une très haute importance pratique : *c'est que l'électrolyse, avec les électrodes de cuivre, est beaucoup plus énergique sur l'évolution d'un bacille que la galvano-caustique chimique;* retenez aussi que, dans ses applications médicales, cette méthode ne se complique d'*aucun effet caustique*, mais bien d'un travail d'élimination et de réparation des tissus au milieu desquels elle exerce son action.

***

Dans le cours de ces entretiens, nous avons eu souvent l'occasion de voir ensemble l'application de l'électrolyse interstitielle dans différentes affections : sycosis, lupus, etc. Vous avez vu également avec quelle facilité se placent les aiguilles de cuivre et avec quelle aisance on les réunit entre elles, grâce à un fil souple. Je vous ai fait remarquer aussi qu'un petit nombre d'opérations de ce genre était utile chaque mois, deux ou trois au maximum, et qu'au début j'avais retardé ou compromis mes résultats par des séances trop fréquemment renouvelées. Je ne reviendrai pas sur tous ces détails, qui vous sont dorénavant familiers.

Dans le traitement de l'uréthrite chronique, je vous engage, avant d'opérer, de vous assurer du siège et de l'étendue des lésions, grâce à l'endoscopie, et de vous servir de tiges de cuivre (1) aussi grosses que possible. On limite sur la tige, à l'aide de la solution de gomme laque, les parties actives de l'électrode, qui devront se trouver en contact avec les régions de l'urèthre malade; puis on plonge cette tige dans une solution de sérum artificiel (2). Alors on fait le cathétérisme jusqu'au col de la vessie. L[illegible] en cuivre est reliée au pôle positif, l'électrode négative large est placée sur l'abdomen. La séance doit durer vingt à trente minutes, à une intensité de 25 milliampères; le renversement doit être long, dix minutes, et de 10 milliampères.

En opérant une uréthrite postérieure, datant de dix ans, pour laquelle cinquante installations avaient été essayées inutilement, j'ai obtenu un succès complet. Sera-t-il durable? Je vous montrerai le cas dans plusieurs mois. Mon traitement n'est pas douloureux, ne provoque pas de rétrécissements et n'oblige pas au repos.

---

(1) Ayant la courbure des sondes Béniqué.
(2) Sel marin, 7 gr.; eau distillée, 1,000 gr.

Il est nécessaire, avant de terminer, que je vous initie à la technique opératoire de l'électrolyse de l'iodure de potassium, à laquelle j'attache un très grand intérêt.

J'ai déjà communiqué sur ce sujet différentes recherches ; et, dans mon premier travail, qui date de deux ans, vous trouverez quelques indications profitables.

J'ai fait construire par M. Gaiffe les sondes électrodes que vous connaissez, dans l'intention de faire d'abord des applications intra-utérines de ce procédé. Mes essais demandent à être poursuivis, car ils m'ont semblé indiqués dans certains cas d'endométrite et d'inflammations péri-utérines. Mon ami M. le Dr Boisleux a appliqué une fois ce traitement en utilisant une intensité de 100 milliampères. Il s'agissait, je crois, d'une endométrite fongueuse. Je ne connais pas le résultat obtenu.

Je profite de cette occasion pour vous dire qu'il est inutile et nuisible d'employer des intensités aussi fortes. En relisant mon observation sur le traitement d'un abcès tuberculeux, vous verrez, en effet, qu'avec 25 milliampères on obtient les effets curatifs cherchés, et je crois qu'il peut être dangereux de dépasser 50 milliampères.

Ce procédé électrolytique peut vous permettre des tentatives qui, je l'espère, vous donneront souvent un résultat immédiat. Ces tentatives consistent à ponctionner les abcès du ligament large, accessibles, soit en arrière de l'utérus, soit sur ses côtés. Dans une opération de ce genre, je pratiquerais une ponction avec une sonde-trocart spéciale, que je vous montrerai plus tard, — celle que j'ai fait construire dans ce but étant imparfaite, — puis, je ferais évacuer le pus; alors, retirant le trocart de son mandrin isolant, j'injecterais la solution iodurée, que je décomposerais avec une électrode *ad hoc*, en platine. La meilleure électrode pourrait être encore le trocart : on dévisserait sa pointe et on visserait à la place une petite tige de platine.

J'ai fait construire, par M. Aubry, un certain nombre de trocarts. Ils sont isolés à la gomme laque, comme je vous le montre, et munis d'un trocart et d'une tige de platine, pour servir d'électrodes. Il faut éviter, dans la construction de cet instrument, *l'épaulement* que fait généralement la sonde sur le trocart : Dans une opération que je fis avec M. le professeur Berger, il fut impossible à cet habile chirurgien de pénétrer dans un kyste du corps thyroïde, à cause de l'épaulement de l'instrument; et nous fûmes obligés de remettre l'opération. Trois jours plus tard, nous opérâmes de la façon suivante : avec une sonde très fine, en argent, isolée sur toute sa surface et munie dans son intérieur d'un fin trocart, nous fîmes la ponction du kyste du corps thyroïde, qui siégeait à droite, et le liquide fut évacué par aspiration. Alors le trocart fut retiré, et une solution au 1/10e d'iodure de potassium fut injectée; puis, on introduisit dans la sonde une tige de platine, de même grosseur que le trocart. L'électrolyse positive dura dix-huit minutes, avec une intensité de 20 milliampères.

Pendant les trois jours qui suivirent l'opération, la région voisine fut le siège d'une légère inflammation; le huitième jour, on trouvait à peine la trace du kyste, et l'orifice de ponction avait disparu (1).

J'opère ainsi l'hydrocèle, le kyste du cordon, les abcès, etc.

J'ai assisté, il y a quelques mois, à

(1) Deux mois plus tard, la guérison paraît définitive. Ce kyste du corps thyroïde mesurait : de droite à gauche, 8 centimètres; à droite, 6 centimètres de hauteur, et à gauche, 8 centimètres.

l'opération d'une hydrocèle, faite par M. le Dr Desnos. Le malade, un vieillard, avait une hydrocèle qui avait déjà récidivé. Dans cette opération, M. Desnos se servit d'une électrode en fer, au lieu d'une électrode en platine : le résultat fut excellent. M. Desnos m'a confirmé depuis, que la guérison s'était maintenue.

Toutes ces opérations sont simples, sans réaction, et permettent aux malades de se lever dès le troisième ou le quatrième jour.

Je me résume. Grâce à l'électrolyse interstitielle, vous pourrez, à l'avenir, appliquer le courant voltaïque avec *sécurité* et *les meilleures chances de guérison*. Cette méthode se recommande surtout par une action rapide et par la généralité de son emploi. Elle est fondée sur des résultats heureux, et sur des recherches expérimentales, qui en démontrent l'efficacité.

Quelques applications suffisent pour améliorer et guérir des cas rebelles, qui sont justiciables de son intervention, et vous pourrez acquérir comme moi la preuve évidente que *l'électrolyse interstitielle réussit là où la galvano-caustique chimique reste inefficace.*

FIN

APPENDICE

LES COURANTS ALTERNATIFS EN THÉRAPEUTIQUE (1)

Les recherches que nous poursuivons depuis plus d'un an sur l'emploi des courants alternatifs sinusoïdaux en médecine, et dont nous avons fait connaître les premiers résultats à diverses Sociétés savantes (Académie des Sciences, Académie de Médecine, Société de Thérapeutique, Société de Biologie), nous ont permis d'accumuler actuellement assez d'observations pour qu'on puisse commencer à se faire une idée précise du rôle de cette

(1) Communication faite au Congrès pour l'avancement des Sciences, de Pau, septembre 1892.

modalité électrique et des effets qu'on peut en attendre. Ce sont ces observations que nous vous demandons la permission d'exposer très brièvement, nous réservant de publier un travail complet sur la question, après un court préambule sur l'histoire toute récente de ces courants, que nous avons été les premiers à appliquer en médecine, point sur lequel nous devons insister, un de nos confrères les plus distingués ayant, probablement par oubli, omis cette indication dans un travail portant sur une application restreinte des courants alternatifs.

M. d'Arsonval, un de nos maîtres les plus éminents, avait fait dans le courant de l'année 1891 toute une série de travaux et de communications sur les modifications qu'apportent à la capacité respiratoire du sang des animaux et de l'homme, les diverses modalités électriques usitées en électrothérapie : courants continus, électricité statique, faradisme, courants alternatifs. Frappé des résultats obtenus au moyen des courants sinusoïdaux, l'un de nous fit construire, au mois de mars 1891 (1), un appareil capable de fournir ces courants en

(1) Voir *Comptes rendus de la Société française d'Électrothérapie*, tome Ier.

empruntant l'énergie d'une batterie de piles. Cet appareil est un collecteur double circulaire automatique. Un, deux, trois, etc., éléments entrent successivement et automatiquement dans le circuit jusqu'à un maximum, puis la décroissance du courant se fait régulièrement jusqu'au zéro. A ce moment, le courant est renversé, monte au maximum, puis redescend au zéro. C'est donc un courant sinusoïdal dont la sinusoïde est néanmoins, sur un graphique, un peu ondulée, en raison de la chute du potentiel inévitable d'un élément au suivant. En pratique, cette ondulation est absolument négligeable, le courant perçu est rigoureusement croissant ou décroissant, aucune interruption, aucun choc n'est appréciable quand l'appareil est bien réglé. Cet appareil fut mis en expérience dès le mois de mars 1891, alors qu'aucun appareil similaire n'existait chez aucun praticien et que M. le professeur d'Arsonval *seul*, dans son laboratoire, utilisait les courants alternatifs.

Le collecteur double automatique, en raison de sa construction, ne peut donner que des courants à sinusoïde très étalée, le nombre des alternances dans l'unité de temps étant toujours très faible, 10 à 600 par minute. Nous l'avons essayé sur des atrophies musculaires et sur diverses parésies et paralysies; nous reviendrons dans un instant sur les résultats qu'il nous a donnés. Mais ce n'était là qu'une partie de notre tâche; nous avions surtout le désir de profiter des effets généraux signalés par M. d'Arsonval, et nous avons trouvé la solution de la question par l'emploi des transformateurs nous conduisant le courant alternatif de l'éclairage sous un potentiel médicalement utilisable. Dès lors, les quantités d'énergie dont nous pouvions disposer étaient telles qu'il devenait facile de diffuser le courant dans toute la surface du corps, résultat qui fut atteint en plongeant nos malades dans l'eau d'une baignoire isolante.

Nous ne voulons pas oublier de mentionner que, concurremment avec nos premières applications, M. le Dr Tripier, au moyen de l'alternateur même de M. d'Arsonval, nous avait, dans une séance de la Société d'Électrothérapie (1), donné quelques indications sur les résultats physiologiques observés sur lui-même et sur deux ou trois malades. M. Tripier a noté les sensations fournies par l'appareil

(1) *Revue Internationale d'Électrothérapie*, tome II.

appliqué localement et a recherché dans quelle mesure il impressionnait les organes des sens. La question, quand nous l'avons prise, était donc tout à fait vierge d'applications thérapeutiques suivies, coordonnées, et ce, par la raison bien simple qu'il n'existait aucun appareil capable de fournir les courants dont avait parlé M. d'Arsonval en dehors de ceux que ce dernier possédait dans son laboratoire.

Si donc, il est incontestable, et nous l'avons toujours publié hautement, que les recherches physiologiques du professeur d'Arsonval ont inspiré nos recherches et sont notre guide, il n'en est pas moins vrai qu'il nous revient d'avoir *introduit en médecine* l'emploi systématique des courants alternatifs.

Ceci établi, et en nous excusant de ce plaidoyer *pro domo* qui ne nous a pas semblé superflu en raison de quelques oublis qui viennent de se commettre ici ou là, passons aux résultats thérapeutiques que nous avons obtenus et qui, à l'heure actuelle, sont concluants pour un grand nombre de cas.

Nous parlerons tout d'abord des effets thérapeutiques de l'alternateur à révolution lente (collecteur double automatique). Cet appareil n'a été utilisé par nous que pour des applications locales.

Les deux pôles étant appliqués sous forme de plaques ordinaires, la sensation perçue par le patient est celle d'un courant continu à période variable et telle qu'il est facile de se la procurer au moyen d'un collecteur ordinaire dont la manette est mue rapidement. Notons que, par suite des renversements de sens, l'action chimique est assez faible : néanmoins, la peau, au bout de quelques minutes, rougit sous chacune des électrodes.

Nous avons essayé notre alternateur, qui donne 45 volts, sur des névrites : deux cas de névrite traumatique, un cas de névrite avec zona, un cas de névrite suite de brûlures. Dans la période aiguë, douloureuse, l'emploi du courant alternatif, même à période très lente, dix par minute, nous a toujours semblé plus nuisible qu'utile. Les douleurs augmentent généralement durant le cours de la séance et, loin d'être améliorées postérieurement, semblent, au contraire, aggravées. Il paraît donc, jusqu'à plus ample informé, que le courant sinusoïdal lent est contre-indiqué quand le nerf est enflammé et douloureux.

Dans plusieurs cas d'atrophie musculaire,

un cas par contusion articulaire, un cas par luxation de l'épaule, un cas de sciatique dont l'élément douleur avait disparu pour ne laisser que l'atrophie, il nous semble, au contraire, que le courant dont nous parlons est d'une efficacité particulière et présente sur l'emploi du courant continu un grand avantage au point de vue de la rapidité de la guérison. Les cas traités ont, en effet, très rapidement guéri et, en particulier, l'atrophie consécutive à la sciatique qui était de 4 centimètres (cuisse) s'est améliorée dans le premier mois du traitement, au point que la cuisse a augmenté d'un centimètre trois quarts. Nous avons souvent vu par les procédés classiques une augmentation d'un centimètre en un mois, mais jamais d'un centimètre trois quarts.

Dans la paralysie infantile (cinq cas) le résultat atteint ne nous a pas semblé très différent de celui qu'on obtient d'habitude avec le courant continu : amélioration sensible et rapide dans les cas légers, tenacité désespérante dans les cas graves.

Deux paralysies faciales *a frigore* ont fait l'objet de quelques tentatives qui ont dû être interrompues en raison des phosphènes continuels que donne le courant à période variable appliqué sur la face. Enfin plusieurs cas de constipation opiniâtre nous ont donné des résultats extrêmement satisfaisants. Nous appliquons l'un des pôles sur la moelle lombaire, le second au niveau de la fosse iliaque gauche. Séance de un quart d'heure tous les jours. Les selles ne tardent pas à se régulariser et le résultat paraît durable, puisque l'une de nos malades est actuellement guérie depuis un an. Cette malade prenait chaque jour soit un purgatif, soit un lavement. Depuis un an elle n'a pris ni l'un ni l'autre.

Certains malades se sont montrés plus rebelles : ce sont ceux dont la constipation reconnaît pour cause une neurasthénie caractérisée. Il est peut-être intéressant de noter que, toujours, en pareil cas, le chiffre d'urée émis en vingt-quatre heures est excessivement bas : 10 à 12 grammes. Le traitement simultané par les bains à courants alternatifs faisant rapidement remonter ce chiffre, est un adjuvant indispensable à l'action locale, et c'est actuellement ainsi que nous procédons systématiquement. En somme, en ce qui concerne la constipation et les atrophies musculaires, nous croyons posséder un moyen d'action des plus intéressants.

Nos recherches ont également porté sur le *courant alternatif à alternances rapides* (dix mille par minute) appliqué localement.

Nous nous servons alors du courant alternatif d'éclairage transformé par des appareils qui nous permettent de le graduer de façon absolument progressive.

L'emploi de ce courant nous a donné des résultats absolument remarquables dans trois cas de dilatation d'estomac. Au bout d'un nombre très faible de séances (trois ou quatre), l'amélioration est telle que le malade peut abandonner tout régime et digère normalement, quoique un temps beaucoup plus long soit nécessaire pour ramener l'estomac à sa capacité normale. Nous devons même dire que les trois cas traités par nous sont des cas graves, à dilatation sous-ombilicale, et qu'aucun d'eux n'a encore vu l'estomac, néanmoins diminué d'un tiers au moins, rentrer dans ses limites naturelles, quoique la guérison symptomatique soit complète. Il est vrai que le plus ancien de nos malades de cet ordre n'est soigné par nous que depuis quatre mois avec deux ou trois séances par mois, — temps vraisemblablement insuffisant pour une guérison définitive.

Un de nos malades, très probablement atteint d'une tumeur cérébrale (atrophie papillaire à gauche, attaques épileptiformes), et présentant un spasme singulier englobant tous les muscles d'une moitié de la face, les muscles du voile du palais et ceux de la glotte, de telle sorte que la voix était chevrotante et entrecoupée, a vu ce spasme disparaître totalement par huit applications locales de courants alternatifs. Il y a là autre chose qu'une coïncidence, car quelques semaines plus tard ce même malade éprouvait une nouvelle attaque épileptiforme, à la suite de laquelle les mêmes accidents se reproduisaient, pour lesquels le traitement s'est montré tout aussi efficace. Les spasmes de ce malade étaient si violents qu'ils gênaient non seulement la parole, mais entravaient l'alimentation et le sommeil.

L'action du courant alternatif est donc singulièrement puissante sur le système nerveux, puisque, malgré la persistance certaine de la lésion centrale, on obtient la cessation des symptômes locaux.

Plusieurs névralgies, sans névrite, intercostales ont été également traitées par ce procédé toujours avec succès.

Enfin, nous avons appliqué les courants alternatifs localisés dans une série d'affections des organes génitaux de la femme. Ces applications ont été faites en présence des auditeurs de nos conférences de l'hiver dernier (1891-1892), et, si nous n'en avons parlé que succinctement et en passant, jusqu'à présent, c'est pour nous faire une opinion sérieuse sur les effets à en attendre.

A cet égard, nous pouvons ainsi résumer nos recherches. Le courant alternatif agit puissamment sur la circulation et sur le système nerveux du petit bassin, en amendant les symptômes douloureux et en favorisant la résorption des exsudats. Quant aux lésions de la muqueuse, hémorragiques ou catarrhales, l'application des électrodes solubles nous paraît conserver la suprématie. Actuellement, nous avons donc à peu près complètement abandonné la méthode des électrisations à courant constant de haute intensité et de courte durée pour utiliser l'action topique des corps à l'état naissant, d'une part, l'action sur le système nerveux du courant alternatif, d'autre part. Nous croyons ainsi et nous espérons que l'avenir le démontrera, avoir augmenté nos moyens d'action et fait faire un pas en avant à l'électrothérapie gynécologique, dont l'électrisation par les hautes intensités continues a été une étape des plus intéressantes. Du reste, un récent travail de M. Apostoli lui-même semble être d'accord avec nous sur un des points que nous avançons : l'utilité du courant alternatif contre la douleur.

Il nous reste maintenant à nous occuper des applications générales des courants alternatifs. Ces applications sont d'un grand intérêt, en raison des résultats qu'elles fournissent, et aussi parce qu'elles font entrer dans le domaine de l'électrothérapie un certain nombre d'états diathésiques jusqu'à présent à peu près au-dessus des ressources de la science.

Comme nous l'avons dit, le malade est plongé dans l'eau d'une baignoire isolante (marbre ou porcelaine); une électrode en charbon est placée à la tête, l'autre aux pieds; le courant est réglé par un graduateur. De cette façon, le patient tout entier est traversé par le courant et des quantités relativement considérables d'énergie traversent l'organisme.

A ce propos, une remarque préalable est indispensable. Un grand nombre de confrères qui sont venus visiter notre installation nous ont posé la question suivante : « Quelle différence faites-vous entre vos bains et les bains électriques bien connus produits par le courant de bobine? » La différence est capitale : les bobines usitées en médecine donnent bien des courants alternatifs dans le sens rigoureux du mot, mais l'un des deux courants qui composent le cycle est notablement inférieur comme intensité à l'autre, en raison de l'obstacle apporté par l'extra-courant ; donc, au lieu d'un courant sinusoïdal, deux courants en sens inverse et inégaux comme valeur. De plus, la chute du potentiel produite par l'induction est excessivement brusque et se passe dans un temps très court, ce qui rend le courant difficile à supporter, à cause de la douleur produite par les chocs dès qu'il acquiert une énergie suffisante. Ensuite, il y a un temps perdu considérable pendant la période d'oscillation des trembleurs dans l'espace. Enfin, le courant employé couramment dans les bains, tout au moins en France, est engendré par la bobine de Constantin Paul, qui donne l'*extra-courant d'un inducteur à gros fil.* Ce n'est donc pas un courant alternatif, le courant ne change jamais de sens. C'est simplement un courant de même sens interrompu.

Il n'y a donc aucune relation à établir entre ces deux genres d'application.

Les modifications apportées dans la nutrition sont remarquables, si on en juge par l'augmentation de l'urée en vingt-quatre heures. Le chiffre est constamment accru, parfois énormément, dans les cas où le chiffre habituel est très bas (8, 10, 12, 15 grammes). Le chiffre d'acide urique, est ramené à la normale, s'il est supérieur à cette dernière.

Nous avons commencé à ajouter à l'examen de l'urine la mesure de la tension artérielle au moyen du sphygmographe et du sphygmomètre. Nous comptons, dans quelques mois, présenter les résultats de nos tracés.

Mais ces constatations, que nous appellerons de laboratoire, n'auraient qu'une médiocre valeur si elles n'étaient accompagnées de résultats cliniques. Or, actuellement, le nombre des malades traités par nous dépasse la centaine. Des guérisons sont obtenues et se maintiennent depuis huit mois. Nous pouvons donc parler en connaissance de cause et sans que l'on puisse nous reprocher de publier des résultats trop hâtifs, datant à peine de quelques jours, ainsi qu'il arrive parfois à des expérimentateurs trop pressés.

Nous donnerons en deux parts les malades que nous avons traités par les bains à courants alternatifs : les affections locales et les maladies générales.

En ce qui concerne les affections locales, le traitement de la *sciatique* nous a donné des résultats auxquels aucune autre médication ne peut prétendre. Dix cas, dix succès complets. Nous ne citerons que deux cas, parce qu'ils ont été contrôlés par notre savant confrère le Dr Ordenstein, le surplus de nos sciatiqués étant venus nous trouver directement. Du reste, les deux cas que nous donnons sont typiques et tous les autres n'en sont que la répétition.

Il s'agit, dans le premier cas, d'un malade âgé de cinquante-trois ans, atteint, il y a cinq ans, d'une première attaque de sciatique droite aiguë qui cède aux moyens classiques, mais en laissant après elle un état général mauvais et une tendance aux douleurs dans la région du sciatique. Quelques mois après, nouvelle atteinte dans la jambe gauche. Le mal, cette fois, résiste à toute espèce de médication. M. Ordenstein fait alors appeler l'un de nous qui applique les courants continus. Amélioration considérable en trois mois. Mais le mauvais état général persiste et les douleurs reparaissent de temps à autre.

Il y a deux ans, rechute grave, douleurs violentes dans la jambe droite, incurvation de la colonne lombaire simulant une scoliose; les eaux de Plombières, de Vichy, d'Aix-les-Bains, le salicylate, l'antipyrine, etc., restent absolument sans résultat. Électrisation, successivement, par les courants continus, l'étincelle statique, le courant faradique, sans que le malade signale aucune amélioration. De guerre lasse, nous cessons toute médication électrique.

Un an et demi après, la situation s'est quelque peu améliorée avec le temps, mais la pseudo-scoliose persiste, les douleurs sont toujours très vives, c'est à peine si le malade peut faire quelques pas. Nous proposons à M. Ordenstein d'éprouver les courants alternatifs sur son malade. Une amélioration considérable est obtenue en cinq bains. Il y a huit mois qu'elle se maintient, aujourd'hui le malade peut être considéré comme guéri. Il peut faire plusieurs kilomètres par jour sans fatigue. Mais ce qu'il y a de remarquable, c'est la transformation de son état général, qui est telle qu'il présente l'apparence de la santé la plus florissante.

Voilà un cas de sciatique chronique. Voici maintenant un cas de sciatique aiguë.

M. X... nous est adressé par M. Ordenstein. Depuis dix semaines, il est atteint d'une sciatique suraiguë, nécessitant le repos presque absolu au lit. Le salicylate, le sulfate de quinine, l'antipyrine, les injections hypodermiques de morphine n'apportent qu'un soulagement de quelques heures. Bains à courant alternatif. Guérison en huit jours.

Nous craindrions de fatiguer votre attention en donnant sous cette forme d'observation même résumée l'exposé de nos résultats, nous préférons les grouper sous forme de tableaux.

Paralysie infantile. — Un enfant, âgé de trois ans et demi, est atteint depuis huit mois d'une paralysie infantile bilatérale des membres inférieurs. La station debout est impossible. En quinze séances, l'amélioration est telle qu'il commence non seulement à se tenir debout, mais à marcher. Malheureusement, les parents sont obligés de quitter la France et d'abandonner le traitement.

Vitiligo. — Trois cas traités avec le Dr Hallopeau, sans résultat, sur la lésion, mais amélioration notable de l'état général.

Eczéma. — Douze cas. Six cas aigus ont guéri en un mois. Parmi les cas chroniques, trois semblent guéris ; mais la disparition des manifestations eczémateuses est trop récente pour qu'on puisse affirmer que les accidents ne vont pas reparaître. L'un, au contraire, une dame de cinquante ans, est absolument guérie depuis dix mois. Son eczéma datait de vingt ans sans que jamais, durant ce laps de temps, elle ait eu une rémission complète.

Un cas du Dr Besnier, eczéma séborrhéique. Cette forme est considérée comme incurable par l'éminent professeur de Saint-Louis. Le malade est traité depuis trois mois. Amélioration notable, mais lente (trente bains), puis interruption du traitement et nouvelle poussée au bout de quinze jours. Le traitement actuellement repris a de nouveau amené une sédation, mais non la guérison. L'essai se poursuit.

Psoriasis. — Six cas. Amélioration dans l'état général, pas d'amélioration de l'état local.

Lèpre anesthésique. — Un cas. Aucune modification locale.

Neurasthénie. — Dix-huit cas. Amélioration remarquable dans huit cas, demi-succès dans cinq cas, aucune modification dans le surplus.

Un travail est à faire rien que sur la neurasthénie, qu'il nous est impossible même d'ébaucher ici, en raison du peu d'espace dont nous disposons. Nous croyons néanmoins pouvoir, dès à présent, faire la part des symptômes qui s'amendent et de ceux auxquels les bains alternatifs n'apportent aucune modification.

Hystérie. — Quinze cas. — Il nous paraît que le courant alternatif agit ici comme toutes les médications qui surprennent l'esprit de ces malades. Quelques cas de guérisons presque merveilleuses ; échecs complets d'autre part, sans raison plausible à donner.

Goutte chronique. — Quinze cas. — Amélioration considérable dans tous les cas. A noter la rapidité de cette amélioration. Nous n'avons pas eu l'occasion de traiter de goutte aiguë.

Rhumatisme chronique. — Douze cas. — Tous nos malades perclus et immobilisés vont et viennent actuellement. Le temps seul nous indiquera si cette guérison est durable.

Obèses. — Huit cas. — Voici les chiffres :

I.	Avant le traitement.	176	8 bains.
	Après — ...	172	
II.	Avant le traitement.	196	9 bains.
	Après — ...	184	

III.	Avant le traitement.	178	12 bains.
	Après — ...	170	
IV.	Avant le traitement.	191	22 bains.
	Après — ...	176	
V.	Avant le traitement.	200	30 bains.
	Après — ...	190	
VI.	Avant le traitement.	198	2 bains.
	Après — ...	196	
VII.	Avant le traitement.	202	12 bains.
	Après — ...	184	
VIII.	Avant le traitement.	225	30 bains.
	Après — ...	205	

Paralysie pseudo-hypertrophique. — La maladie date de six ans. L'hypertrophie est généralisée. La malade, âgée de vingt-six ans, peut à peine se traîner en s'aidant d'une canne et de meubles à sa portée; ensellure prononcée. Amélioration considérable en août, dernière époque à laquelle la malade est partie pour la campagne. Cette jeune fille faisait alors des mouvements qu'elle ne parvenait plus à accomplir depuis trois ans. Ce résultat est extrêmement remarquable. Nous ne connaissons aucun exemple qui puisse lui être comparé.

Le surplus des malades traités se divise en une infinité de cas divers. Certains que nos bains ne pouvaient, en aucun cas, être nuisibles, nous y avons plongé empiriquement un grand nombre d'affections très différentes. Pour les unes le traitement a été interrompu pour une raison ou pour une autre au bout de deux ou trois bains; pour les autres, les malades étant en cours de traitement, il serait prématuré d'exprimer à leur égard une opinion; enfin, pour une dernière catégorie, nous avons eu tantôt des succès, tantôt des revers. Mais il conviendrait, ces cas différant chacun l'un de l'autre, de transcrire intégralement les observations pour qu'on puisse en tirer un enseignement.

Nous bornons donc là le résumé succinct tiré de nos cahiers d'observations, d'où nous tirons les conclusions suivantes :

Le courant alternatif à alternances rares présente ses indications principales dans les atrophies musculaires, les parésies, la constipation chronique.

Le courant alternatif à alternances rapides et en applications locales (dix mille par minute) est indiqué dans la dilatation stomacale, les névralgies, certaines affections des organes génitaux de la femme.

Le courant alternatif généralisé à toute la

surface du corps modifie le taux de l'urée, des chlorures, de l'acide urique, de l'acide phosphorique. Il est donc indiqué dans les maladies par ralentissement nutritif. D'autre part il modifie favorablement certaines affections cutanées, en particulier l'eczéma.

TABLE DES MATIÈRES

Paris. — Imp. MICHELS et Fils, passage du Caire, 8 et 10

www.ingramcontent.com/pod-product-compliance
Ingram Content Group UK Ltd.
Pitfield, Milton Keynes, MK11 3LW, UK
UKHW020315230726
13925UKWH00002B/422

9 782013 591966